丛书主编 / 贺雪峰

湖北省学术著作出版专项资金资助项目

·中国现代农业治理研究丛书·

农田水利的治理

困境与出路

吴秋菊/著

本书总结描述了当前农田水利的发展困境，分析了农田水利困境的发生机制，在此基础上提出了农田水利发展的对策建议。"最后一公里"问题是当前农田水利的基本问题，其解决之道在于依托农村集体经济组织开展灌溉管理，并加强农村集体经济组织的能力建设。

华中科技大学出版社
http://www.hustp.com
中国·武汉

图书在版编目(CIP)数据

农田水利的治理:困境与出路/吴秋菊著.—武汉:华中科技大学出版社,2017.11
(2019.9重印)

(中国现代农业治理研究丛书)

ISBN 978-7-5680-2979-7

Ⅰ.①农…　Ⅱ.①吴…　Ⅲ.①农田水利-水利工程管理-研究-中国　Ⅳ.①S279.2

中国版本图书馆 CIP 数据核字(2017)第 128156 号

农田水利的治理:困境与出路　　　　　　　　　　　　吴秋菊　著

Nongtian Shuili de Zhili:Kunjing yu Chulu

策划编辑:易彩萍

责任编辑:易彩萍

责任校对:刘　竣

封面设计:刘　卉

责任监印:朱　玢

出版发行:华中科技大学出版社(中国·武汉)　　　电话:(027)81321913
　　　　　武汉市东湖新技术开发区华工科技园　　　邮编:430223

录　　排:华中科技大学惠友文印中心

印　　刷:武汉市金港彩印有限公司

开　　本:710mm×1000mm　1/16

印　　张:15.5

字　　数:222 千字

版　　次:2019 年 9 月第 1 版第 2 次印刷

定　　价:98.00 元

序　言

关于中国，北京大学的潘维教授有一个有趣的观点，他说我们的优势是具有"举国体制"，能够迅速进行整个社会体系的动员，因此在短时间内能将"大事"办好。而当下中国社会治理最缺乏的则是"办小事"的能力。所谓"办大事"，就像修建三峡大坝，我们前前后后移民百万人口，没有强大的社会动员能力是不可想象的。而农田水利中的灌区末端体系建设，则是典型的"办小事"，也便是作者在本书中所研究的治理"最后一公里"的问题。

站在末端角度看，我国农田水利治理大致可以分为三个阶段：一是人民公社体制下的组织化阶段，二是经营体制改革后的集体统筹阶段，三是农村税费改革之后的国家投入建设阶段。在第一个阶段，取消了家庭经营单元，在"三级所有、队为基础"的经营模式下，末端水利供给被内部化为生产大队和生产小队的"私人物品"，集体组织内部的投工、投劳带来我国农田水利的巨大建设成就。目前大部分农村地区的农田水利，还依靠20世纪六七十年代"农业学大寨"期间打下的基础。在第二阶段，我国恢复家庭作为农业基本生产单元。一家一户的分散经营，在农业生产的私人环节上存在投资激励，但是在农业生产公共环节却无效率。20世纪80年代初期，在推进农村改革过程中，政策制定者已经意识到小规模家庭经营组织在农业生产公共环节面临的不足，因此强调集体在"一家一户办不好和不好办"的事务上发挥统筹经营作用，这一时期的末端农田水利工作主要通过集体经济组织统筹解决。

以家庭为基础、集体实施统筹的农业双层经营体制，在20世纪八九十年代基本为农民提供了稳定而又有保障的农田水利服务。这一模式维持到2000年左右开始失效，原因是农业生产剩余不足，造成农民负担过重。随后国家启动农村税费改革，并于2005年左右开始全面取消农业税。税费改革属于惠民工程，取消集体粮、国税，获得农民对国家的极高认同。另一方面的后果是，打破了集体经济组织实施农业统筹经营的物质基础。为巩固税费改革成果，2006年国务院办公厅下文，明令禁止农村收取土地承包费，自此之后，包括农田水利在内的集体内部公共品自主供给机制瓦解。湖北省沙洋县的农民，将税费改革之后集体退出统筹经营的状况，称为"第二次单干"。本书作者在调查中观察到了这一点。

"第二次单干"对农田水利的影响在于，丧失集体组织的农民，需要单个解决农田水利问题。在"户均不过十亩"，且地块高度插花分散的情况下，农民发展出机井一类纯私人物品的农田水利设施。这类一家一户自我供给的农田"小水利"，不仅成本高，而且抗风险能力差，更关键的是形成了对既有水利系统的分割替代，农民陷入"不合作"均衡中。

农田水利建设被视为1949年以来社会建设巨大成就的标志。灌溉面积从1949年后的2.5亿亩，增加到1980年的7.3亿亩，年均增长3.7%。在物力资源匮乏的年代，取得如此大的成就，离不开深度社会动员下的群众参与。一个鲜明的对比是印度，印度耕地面积超过中国，粮食产量却不及中国的一半，现在依然存在大量饥饿人口。农田水利条件落后是印度农业发展的瓶颈，目前印度的农业灌溉主要以井灌为主，部分农民还维持着"靠天收"的状态。1949年以来，中国的水利事业全面发展，显示出我国"集中力量办大事"的体制优势。没有经历过土地革命和社会革命，印度既缺乏在私有土地上进行系统化水利建设的物质基础，也缺乏将农民组织起来的社会基础。

对于中国和印度这样的具有悠久历史传统的国家来说，走向现代国家的第一步是形成"办大事"的能力。唯有经过全面深层的社会运动，才能打破既有的社会结构，甩掉社会进步的包袱。这一点，中国在1949年以来的60多年中就做到了，通过群众广泛参与的社会建设，完成了从物质到精神层面的重新建设。中国作为后发国家，在矛盾不可转嫁和代价不可外移的条件下，只能通过社会动员来积蓄力量，以寻求发展。基于这种"办大事"的能力,中国当前正在"弯道超车",实现着民族复兴。

然而,一个成熟的现代国家还离不开"办小事"的能力。改革开放以来,中国国力持续强大,中央财力持续增加。在此背景下,国家转变过去动员群众和依靠群众进行社会建设的模式,日渐转向依靠国家机器提供社会治理公共品的方向。伴随农业税费改革的推进,国家加大惠农投入,包括农田水利建设资金投入。透过政策演变来看,政策设计者认为农田水利的关键是"钱从哪里来"的问题,将农田水利供给理解为水利基础设施工程建设问题。这一思路忽视了农田水利末端体系建设的根本在于组织机制建设,即动员千家万户农民参与到公共品供给过程中来。离开农民的参与,国家投入农田水利基础设施建设,会一直面临"重建轻管"的问题。

受内部合作困境与外部交易成本困扰,末端公共品供给是全世界的难题。稳定而有效率的"办小事"能力需要经过长期演化逐步形成。自20世纪80年代末期以来,我国探索过多种形式的农田水利供给机制,包括推行水资源商品化,学习世界银行推广用水户协会组织,以及进行小型农田水利设施产权改革等。从实践来看,很多这类基于理念出发的改革做法都没有取得良好成效。基于对这些实践做法的考察和反思,作者最后提出要重回农业双层经营体制,珍惜土地集体所有制。如同现有的农田水利系统是值得依赖的前期社会建设成果一样,针对这些末端公共事物治理的农村基本制度,也是值得珍惜的前期社会建设的遗产。将国力优势和体制优势真正转化为"最后一公里"治理能力,是我国走向治理现代化的下一阶段任务。

本书所研究的农田水利末端体系问题,本质是国家机器与千家万户农民对接的问题。将水利作为透视国家治理的窗口,既是学术上的经典命题,也是考验当前国家"最后一公里"治理的真实问题。本书作者及其所属的华中村治学派,在传统的水利工程学与水资源学之外,开辟的乡村水利治理研究视角,具有极高的理论价值。本书的结论超出农田水利本身,具有关于当前中国基层治理问题的一般针对性。

桂 华

2017 年 3 月 3 日

目　录

第
一
章
导
论

当前农田水利发展问题最关键的是需要解决"最后一公里"问题,农田水利的"最后一公里"实质上"是分散的小农与大中型水利设施无法对接的问题",因此,"'最后一公里'不是硬件问题而是软件问题,不是投资问题而是使用问题,不是工程问题而是组织问题。"

第一节 问题意识

21世纪以来,我国的经济社会发展进入关键时期,与此同时,改革与发展所面临的资源环境约束也日益凸显。农业生产受资源环境的影响最为直接,以水资源为例,随着全球气候变暖,我国水灾和旱灾发生的频率越来越高、范围越来越广、程度越来越重,农业农村部的统计数据显示,近年来我国每年因干旱损失粮食300亿公斤以上。不仅如此,农业作为最大的用水部门,其水资源利用状况还可能影响其他用水部门的发展空间。正是在这一背景下,党的十七届三中全会提出了"走中国特色的农业现代化道路"的改革发展方向,其中抗风险能力强的水利体系、水土资源可持续利用的管理体系是我国农业现代化建设的基础内容。2015年中央"一号文件"提出"加快推进现代灌区建设,加强小型农田水利基础设施建设",要求进一步深化水利改革。近年来,虽然我国水利工程建设与管理体制改革均取得了一定成绩,但现代化的水利发展体系尚未成形,其中最为突出的问题是水利的"最后一公里"问题。本书对农田水利问题的研究,旨在对水利的"最后一公里"问题进行定位、解析,并探索该问题的解决之道。

一、研究对象的确立

早在20世纪30年代,毛泽东就提出"水利是农业的命脉"的著名论断,这是对我国水利与农业紧密关系最为形象的描述。我国水资源的总体状况可以概括为"一多、一少、两不平衡",其中"一多"指的是水资源总量多,我国水资源总量(多年平均年降水总量)为61889亿立方米,平均降水深为648毫米,年均地表水资源量为27115亿立方米,扣除重复利用的水量,我国年均水资源量为28124亿立方米,居世界第四位;"一少"指的是人均水资源占有量少,当前我国人均水资源占有量约为2100立方米,仅为世界平均水平的28%;"两不平衡"指的是水资源分布的时间与空间的不均衡,受季风气候和地形条件的影响,我国60%～80%降水量及河川径流量形成于汛期,连续的丰水年或枯水年的情况时常发生,这是水资源分布的时间不均衡,水资源分布的空间不均衡主要指的是水土资源南北方、东西部不匹配,北方地区拥有全国60%的耕地面积,却只拥有全国19%的水资源①。水资源的上述基本特征决定了我国农业发展的基本路径是兴修农田水利工程,发展灌溉农业。

新中国成立以来,党中央一直高度重视农田水利的发展。第一次全国水利普查的资料显示,截至2011年年底,我国共有灌溉面积10.02亿亩,其中耕地灌溉面积为9.22亿亩,园林草地等非耕地灌溉面积为0.80亿亩②。正是依托灌溉农业,我国以占世界6%淡水和9%耕地的资源条件,成功解决了占世界21%人口的吃饭问题。然而,当前我国水利发展的任务紧迫且艰巨,特别是进入21世纪以来,由于全球气候变暖带来的极端天气增多,我国农业受灾严重。从农业发展的角度来说,探索农田水利可持续发展的路径具有重大的现实意义。

我国农业的可持续发展,除了要求通过农田水利建设增强农业抗风险能力和土地产出率以外,还要求"节约高效用水,保障农业用水安全"③。事实上,农田水利发展既是农业可持续发展,同时也是水资源可持续利用的重要命题。农业用水是我国的用水"大户",约占全国总用水量的63%,但是当前我国农业用水的有效性差,水资源浪费严重。我国渠灌区水的有效利用率仅为40%左右,井灌区水的有效利用率为60%左右,这与发达国家80%以上的利用率差距较大④。2012年,国务院颁布

---

① 数据来源:2012年4月25日第十一届全国人民代表大会常务委员会第二十六次会议审核通过的《国务院关于农田水利建设工作情况的报告》。

② 数据来源:《第一次全国水利普查公报(2013)》。中华人民共和国水利部,中华人民共和国国家统计局,第一次全国水利普查公报(2013)[EB/OL]. http://www.jsgg.com.cn/Index/Display.asp? NewsID=17102,2013-3-26/2015-03-01.

③ 农业部,国家发展改革委,等.全国农业可持续发展规划(2015—2030年)[Z].2015-05-29.

④ 崔延松.水资源经济学与水资源管理:理论、政策和运用[M].北京:中国社会科学出版社,2008:218.

了《关于实行最严格水资源管理制度的意见》(国务院国发〔2012〕3 号),要求到 2030 年将全国用水总量控制在 7000 亿立方米以内。随着经济、社会的发展,生活、工业与生态用水的比例将逐步提高,这些用水部门与农业用水之间的张力势必凸显,这意味着农田水利工程的节水改造和科学的灌溉管理制度不仅是农业自身发展的需要,也是我国经济、社会可持续发展的需要。

当前我国农田水利发展中最为突出的问题是"最后一公里"问题。进入 21 世纪以来,中央和地方财政加大了对农田水利建设的财政资金投入,我国大中型灌区的骨干工程逐步获得了更新改造,而点多、面广、量大的小型农田水利工程(其中主要是灌区末级渠系工程)的建设改造任务还很艰巨,作为水利系统的末端工程,"最后一公里"问题长期没有得到有效解决,这严重影响到了整个灌溉系统的利用效率。农村税费改革以后,随着"两工"(农村义务工、劳动积累工)制度的取消,农田水利建设中农民投劳筹资的数量大幅度减少,灌区末级渠系发展出现了较大的建设投入缺口。与此同时,农村集体经济组织正在逐步退出灌区末级渠系的管护领域,导致灌区末级渠系管护主体不明,不少地方出现了新建成的田间硬化渠道由于无人管护而迅速遭到毁损的局面。由于目前农田水利的发展最为关键的是"最后一公里"问题,本书将关注的对象集中在灌区末端工程上。

二、工程范畴的界定

农田水利的"最后一公里"是水利问题研究和水利政策表达中的一个描述性概念,这个概念的产生与我国农田水利发展的制度相关。具体来说,我国农田水利的建设与管理制度在骨干工程与非骨干工程上有明确的分野,比如,1997 年的《水利产业政策》(国务院国发〔1997〕35 号)[①]在

---

① 1997 年发布的《水利产业政策》自 1997 年 10 月 28 日起开始实施,于 2010 年终止实施。详见:国务院. 水利产业政策[Z]. 1997-10-28.

水利建设的项目分类和资金筹集问题上，区分了甲、乙两类水利工程，其中甲类项目指的是防洪除涝、农田灌排骨干工程等"以社会效益为主、公益性较强的项目"，乙类项目指的是供水、水力发电等"以经济效益为主、兼有一定社会效益的项目"。很显然，《水利产业政策》只是对灌排区骨干工程的建设进行了规范，而并未提及非骨干工程的建设事宜。事实上，灌溉的实现，除了需要骨干工程，还需要大量田间渠系及相关工程配套，通过这些灌溉系统末端的工程才能够使灌溉用水抵达农田，由此，这部分水利工程被形象地称为农田水利的"最后一公里"。

需要说明的是，由于我国水（水利）法律制度体系尚不健全，当前一些政策类规范性文件直接将农田水利的"最后一公里"问题表述为小型农田水利发展问题。准确地说，农田水利的"最后一公里"问题只是小型农田水利发展问题的组成部分。2013 年，水利部、财政部联合印发了《关于深化小型水利工程管理体制改革的指导意见》（水建管〔2013〕169 号），对小型水利工程的范围进行了明确界定，表明小型农田水利工程及设备包括"控制灌溉面积 1 万亩、除涝面积 3 万亩以下的农田水利工程，大中型灌区末级渠系及量测水设施等配套建筑物，喷灌、微灌设施及其输水管道和首部[①]，塘坝、堰闸、机井、水池（窖、柜）及装机功率小于 1000 千瓦的泵站等"。这也就是说，小型农田水利工程主要指的是小型灌区的全部工程系统、大中型灌区末级渠系以及其他田间工程。而实际上小型灌区亦由渠首工程、输水渠道和末级渠系构成，并且作为小型灌区骨干工程的渠首工程（有时包含输水渠道）与末级渠系的性质差异很大，在治理上也应有所区分。由此，本书认为农田水利的"最后一公里"所包含的工程范围大致是与大中型灌区对接的末级渠系、与小型灌区渠首工程对接的末级渠系

---

① 截至 2013 年年底，全国有效灌溉面积达 9.52 亿亩（6347 万公顷），全国喷灌面积为 0.45 亿亩（300 万公顷）、微灌面积为 0.58 亿亩（387 万公顷），占全国有效灌溉面积的比例分别是 4.72％和 6.09％。这部分高效节水灌溉系统的发展具有很强的特殊性，本书的讨论并不包含对这部分灌溉系统的关注。数据来源：中国节水灌溉网.中国节水灌溉状况新闻发布会[EB/OL]. http://www.scio.gov.cn/xwfbh/xwbfbh/wqfbh/2014/20140929/index.htm,2014-09-29/2015-06-24.

以及相关配套工程设施,本书使用"灌区末级渠系"这一概念对这些工程进行总体性表述。

进一步讲,有必要对灌区末级渠系中的渠道系统进行说明。依据控制面积大小、水量分配层次两个标准,灌溉渠道可以进行等级区分:在大、中型灌区,固定渠道一般有干渠、支渠、斗渠、农渠四级;在地形复杂的区域建设灌区,其固定渠道的级数甚至多于上述四个层级,因为干渠又可设总干渠和分干渠,支渠又可设分支渠,斗渠又可设分斗渠;在小型灌区,固定渠则比较少;此外,在地形呈狭长带状的灌区,固定渠道的级数亦比较少,干渠的下一级即设立斗渠,形成干、斗、农三个层级的固定渠道。农渠以下的小渠道一般属季节性的临时渠道。[①] 我国目前的水利发展体制将斗渠(包含部分支渠)及以下渠道划归为灌区末级渠系。

三、农田水利治理的内涵

"治理"的词语释义表明其有管理、统治、理政等多种内涵。全球治理委员会于 1995 年对"治理"作出的定义是:治理是或公或私的个人和机构经营管理相同事务的诸多方式的总和。它是使相互冲突或不同的利益得以调和并且采取联合行动的持续的过程。它包括有权迫使人们服从的正式机构和规章制度,以及种种非正式制度。[②] 本书对农田水利这一公共政策领域问题的关注也正是在这个意义上采纳了"治理"的概念。所谓农田水利治理研究,其目标就是要实现农田水利的有序发展,在这一目标的指引下对相关的问题进行定位、分析,并探索解决对策,其中最重要的对策方式当然是进行制度建设。

在这里有必要对农田水利发展事务的主要内容及其发展目标进行简要介绍。总体来说,农田水利的发展包含工程建设和管理两个方面的内容,并且这两个方面是紧密关联在一起的。首先,农田水利的建设投入方

---

① 郭元裕.农田水利学[M].北京:中国水利水电出版社,2007:87-88.
② 俞可平.治理与善治[M].北京:社会科学文献出版社,2000:270-271.

式直接影响建成之后工程的利用管理方式，这个过程是通过影响工程产权而发生的，建设投入方式不仅影响工程产权结构，也影响工程产权性质，工程的产权结构与性质是决定工程利用管理方式的最主要因素。其次，部分工程利用管理的内容可以纳入广义的工程建设投入内容，或者说公共物品供给的内容。以末级渠系在管理上常采纳的终端水价制度为例，虽然属于管理制度的内容，但是终端水价的设置主要是要通过水价提取公共渠系的管理、养护费用，实际上也即是对公共渠系建设的"再投入"，可以看作是公共渠系供给的内容组成。

关于农田水利发展的目标，极少有学理上的系统梳理，大多数的表述都零散地分布在各类水利发展的政策制度中。比如，参照国民经济发展的五年规划，我国水利发展也形成了规划发展体制，在每个五年发展规划中都会对该期间水利发展的具体目标进行设定。又比如，在节水型社会建设目标下，进一步提出了节水型灌溉系统建设的目标，并确立了细致的考核指标。还有一些则是在宏观层面、理论层面进行的表述，比如水资源的可持续利用、公共物品的发展对公平与效率的追求，等等。通过对农田水利的政策制度和相关理论的梳理，本书将我国农田水利的发展目标归纳为以下几点。

首先，农田水利的发展需要达成水、土资源可持续利用的目标。水、土资源都是具有有限性的自然生态资源，各产业部门如果不对之进行合理的利用规划，不仅自身的发展难以持续，也会给其他产业的发展带来更大的资源环境约束，乃至影响整个社会的发展，所以农田水利一定要强调对水、土资源实行可持续利用的治理目标。这一发展目标要求实现对水、土资源的合理利用和高效利用，具体来说：一方面，农田水利的建设需要在科学的规划框架下实施，这一规划首先需要考虑资源环境的承载能力；另一方面，要求提升农业的灌溉覆盖率，使水、土资源进行有效的结合，提升土地的产出率；再一方面，要求开展节水型灌溉系统建设，提升灌溉用水的利用率。

其次,农田水利的发展需要增强农业的抗风险能力,实现农业生产的旱涝保收,这是农田水利发展的基础性目标。农业生产直接受制于水资源的时空分布,农田水利建设就是要对之进行有力的调节,实现水、土资源在农业生产领域的匹配性利用。这一发展目标的具体要求是:一方面,要有完善的农田水利工程系统;另一方面,要求这一工程系统能够有效运转,能够实现水资源的高效调度与配置;再一方面,要求农田水利工程系统的运行是有保障的、可持续的,农田水利工程系统是一个预防和治理水旱灾害的系统,这意味着即使是在水旱灾害未发生的年景,农田水利工程系统依然需要进行基础性的投入。

再次,农田水利的发展要实现低成本灌溉的目标。农田水利是公共事业,但是依然需要讲求投入与产出效率的合理性,特别是考虑到农业的弱质产业特性,灌溉又是农业生产成本的重要组成部分,因而通过降低灌溉成本,总体上可以提升农业利润。所谓降低灌溉成本,主要是要求形成高效的水利工程的运转管理系统,具体来说就是要求降低水利工程的运转管理成本。

最后,农田水利的发展有实现公平供给的价值目标。农田水利是公共事业,其发展要为用水农户提供平等的灌溉服务。农田水利的治理对公平供给的价值追求,是试图实现用水农户拥有获取灌溉服务的均等机会,同时用水农户在承担相应义务标准上也应当具有公平性。具体来说,这一价值目标要求农田水利的建设、管理制度的设计均应该体现公平原则。

第二节　基础背景

农田水利的发展可以说既是水土资源开发、利用的基础内容,也是农业发展的基础内容,所以有必要对我国农业发展的水土资源条件和农业经营发展的现状进行介绍,它们是讨论农田水利问题的基本背景。另一个重要的背景是农田水利自身所处的发展阶段。

一、我国农业发展的水土资源条件

我国是一个农业大国，也是一个人口大国，这意味着通过农业生产以保证粮食安全在我国具有战略性的意义。进入 21 世纪以来，我国粮食生产实现了历史性的"十一连增"，连续 8 年稳产 5 亿吨以上，其中连续两年的产量都超过了 6 亿吨。据预测，到 2030 年，全国人口总数将达到 15 亿左右的人口峰值，按照年人均粮食消费量 420 公斤、粮食自给率按 95％计，要求粮食生产能力达 6 亿吨供给以上。[①] 随着工业化、城镇化的推进，农业生产面临的资源环境约束加剧，粮食稳产在 6 亿吨以上的发展目标依然具有挑战性。

单就土地资源来说，人多地少带来了人地矛盾，这是我国的基本国情。当前全国新增建设用地占用耕地数量约为 480 万亩 / 年，并且被占用耕地的土壤耕作层资源浪费极其严重，虽然实施了耕地占补平衡政策[②]，补充的耕地质量却普遍不高，可以说守住耕地红线的压力会越来越大。不仅如此，随着黑土层变薄、土壤酸化、耕作层变浅等问题的出现，我国的耕地质量亦在不断下降。[③]

除了耕地资源，当前我国农业发展面临的水资源约束形势同样严峻：一者，我国水资源的可开发利用空间非常有限，为了实现水资源的可持续利用，2012 年国务院发布了《关于实行最严格水资源管理制度的意见》（国务院国发〔2012〕3 号），要求在 2030 年将全国用水总量控制在 7000

[①] 中国灌溉排水发展中心. 国内外农田水利建设和管理对比研究（参阅报告）[EB/OL]. http：//www.jsgg.com.cn/Index/Display.asp？NewsID＝19656,2015-02-05 /2015-06-15.

[②] "国家实行占用耕地补偿制度。非农业建设经批准占用耕地的，按照'占多少，垦多少'的原则，由占用耕地的单位负责开垦与所占用耕地的数量和质量相当的耕地；没有条件开垦或者开垦的耕地不符合要求的，应当按照省、自治区、直辖市的规定缴纳耕地开垦费，专款用于开垦新的耕地。"参见：第十届全国人民代表大会常务委员会第十一次会议. 中华人民共和国土地管理法[Z]. 2004-08-28.

[③] 农业部, 国家发改委, 科技部, 财政部, 国土资源部, 环境保护部, 水利部, 国家林业局. 全国农业可持续发展规划（2015—2030）[Z]. 2015-05-20.

亿立方米的红线范围以内;二者,随着我国工业化和城镇化的推进,城镇生活、工业与农业争水的现象开始出现,在北方缺水地区,农业用水被挤占、转移的问题已经非常严重;三者,一些区域的地下水超采已经超出资源环境承载能力,全国以城市和农村井灌区为中心形成的地下水超采区达400多个,总面积逾62万平方公里,全国已形成大型地下水降落漏斗100多个,面积达15万平方公里;四者,水资源污染造成灌溉水质恶化,形成了一定程度的农业灌溉水质性缺水的局面,这还进一步影响了农产品的质量安全。调查显示,当前全国80%的江河湖泊受到不同程度的污染,南方河网地区的水环境和灌溉水质恶化趋势加剧,对农产品质量安全构成了严重的威胁。[①]

此外,加上我国水资源时空分布不均衡的基础特征,这就构成了我国农业发展的水土资源条件状况。这一基础性的背景对我国农田水利发展提出的要求是:第一,农田水利(灌溉农业)的发展必须服从于整体资源环境的可持续发展要求;第二,农田水利的发展无论是在基础工程的建设上还是在管理体制的设计上,都要力图实现高效用水、节约用水。

二、农业经营发展现状

本书用"小农经济"和"转型农业"对我国农业经营发展的现状进行了简要概括,前者是人多地少格局下我国农业经营发展状况的基础性表现,后者是对我国农业经营发展所处发展阶段特征的总体性表述。

具体来说,我国的"小农经济"包含三个方面的内涵:首先,农户家庭是农业生产的基本单位;其次,农户耕种的土地规模小且分布细碎,"人均一亩三分,户均不过十亩"即是对我国农户耕种土地规模的形象描述;最后,在我国农业经营体制由集体向农户家庭为主的经营方式转化的过程中,为了保证"均分"土地(土地承包经营权)的公平性,"肥瘦搭配""远近

---

① 中国灌溉排水发展中心.国内外农田水利建设和管理对比研究(参阅报告)[EB/OL]. http://www.jsgg.com.cn/Index/Display.asp? NewsID=19656,2015-02-05/2015-06-15.

搭配"是被普遍采用的分配方法,进而形成了农户耕种的土地细碎化分布的格局。这种小农经济的格局还将维持不短的时间,据专家预测,我国人口最高峰将在 2030 年前后出现,人口数峰值为 15 亿左右,而预期城镇化率在 70％左右,这意味着农业人口将还有 4.5 亿人的规模,由此,在我国,农户耕种小规模土地的格局难以实现根本的改变。

当前我国的农业发展正处在由传统农业向现代农业转型的过程之中,转型期的农业经营发展体现出三个方面的特征:首先,农业生产的基础设施条件正在获得稳步的改善,特别是在"城乡统筹"的发展思路下,近年来国家加大了对农业基础设施建设的投入力度,这也带动了地方和社会对该领域的投入;其次,农业生产正在朝着社会化方向迈进,需要明确的是,我国的小规模家庭经营农业并不是"小生产"[①],随着社会、经济的发展,生产要素的流动和重新组合、分工分业的发展和产业结构的变革、多种形式的经营合作与联合等普遍发生,我国的农业发展已经从封闭走向了开放[②];最后,促进农业发展的政治、经济环境正在逐步成形,进入 21 世纪以来,国家先是通过农村税费改革,免除了农民的农业税收负担,接着又逐步设立了各种项目类别的农业补贴,并且中央财政对农业的各项补贴力度正在不断加大,仅以对种粮农民生产直接补贴为例,自 2004 年设立到 2012 年,补贴资金已经增长了 10 倍以上,"补贴农业"已经成为我国农业经营发展中的一个突出特征。[③]

三、当前农田水利所处的发展阶段

按照农业生产经营体制和农田水利建设管理方式的不同,我国农田水利的发展大致可以分为三个时期:一是农业集体化生产时期,这一时期

---

① "'小生产'的本意并非指生产规模的大小,而是指一种社会生产方式。在自然经济条件下,指的是生产的自给自足;在商品经济条件下,指的是生产缺乏社会化的分工合作。"参见:陈锡文.陈锡文改革论集[M].北京:中国发展出版社,2008:78-79.

② 陈锡文.陈锡文改革论集[M].北京:中国发展出版社,2008:78-79.

③ 贺雪峰.新乡土中国(修订版)[M].北京:北京大学出版社,2013:10.

在高度的政治动员体制下,通过发动广大人民群众兴修水利,我国农田水利建设取得了重大成就,我国的现代灌区大多建成于这一时期;二是农村改革初期,农村改革以后,我国水利工作的重点由建设转向管理,水法规体系建设在这一时期启动,但是这一时期农田水利建设的总体投入严重不足;三是农村税费改革至今,这一时期提出了农业现代化的发展目标,农业进入"工业反哺农业"的发展时期,中央与地方财政加大了对农田水利建设的投入力度,我国农田水利发展的局面相较于上一发展时期有了较大的改观。

农村税费改革以来,连续十多个中央一号文件都强调了现时期农田水利建设的重要性,中央和地方财政也逐步加大了对农田水利建设的投入力度。仅"十一五"期间全国完成水利建设投资即超过 7000 亿元,约是"十五"期间的两倍。其中小型农田水利工程建设是近年来水利发展的重点,2005 年中央财政设立了小型农田水利设施建设补助资金,2009 年财政部、水利部开始实施中央财政"小型农田水利重点县建设"。中央财政小农水专项补助资金投入从 2005 年的 3 亿元增加到 2012 年的 203 亿元,2005—2012 年,中央财政累计投入达 498 亿元,带动地方投资 526 亿元。根据《全国小型农田水利建设规划》(2009 年非正式公布)内容可预知,到 2020 年全国现有灌溉面积中约 80% 需要进行配套、改造,总投资约为 4466 亿元,按照当前的投入力度,预计 2020 年基本能够完成对灌区配套工程的改造与建设投入。[1]

与此同时,当前我国水利发展正处在管理体制改革和探索水利发展新机制的时期。总体来说,我国农田水利的发展机制正在向市场化、社会化方向迈进。不仅如此,依法治水也成了我国水利发展制度建设中的重要命题,2013 年水利部再次对《水法规体系总体规划》(水政法〔2013〕28 号)进行了修改,提出了"到 2020 年,形成适合我国国情和水情、内容完

---

[1] 中国灌溉排水发展中心.国内外农田水利建设和管理对比研究(参阅报告)[EB/OL]. http://www.jsgg.com.cn/Index/Display.asp? NewsID=19656,2015-02-05/2015-06-15.

整、配套协调的较为完善的水法规体系"，"展望 2030 年，水法规体系趋于完备和科学"的发展目标。

总体来说，在当前农业转型的背景下，我国农田水利发展进入了工程建设与管理体制建设大发展的时期。这一时期，农田水利发展的政策环境优越，因此，科学的农田水利治理制度显得尤为关键，它一方面关涉当前农田水利建设效率，另一方面也将形成我国农田水利发展制度的基本布局。

第三节　文献综述

根据研究视角的不同，可将当前我国农田水利治理问题的研究归为三种类型，即公共管理视角、资源水利视角和村庄治理视角的农田水利研究。

一、公共管理视角的农田水利研究

所谓公共管理视角的农田水利研究，就是将农田水利作为一个公共管理问题展开研究。目前，这一视角下的研究集中讨论了当代西方公共管理理论在农田水利治理领域的应用及其所带来的农田水利发展制度创新问题。

公共管理是一门综合性的学科，其前沿理论甚多，其中相对宏观和有持续影响力的是 20 世纪 70 年代末、80 年代初兴起的政府改革思潮（理论）。政府改革思潮的主要理论基础是公共选择理论，通过对公共选择理论的发展或者批判，当代公共管理发展出了三个理论流派：新公共管理、新公共行政/服务和治理理论。当代西方公共管理理论在农田水利发展事务上的应用，主要是吸纳新公共管理和治理理论用于改革和创新灌溉（排水）发展制度。具体的表现是，通过将受益主体组织起来形成"自主组织"，然后将部分或者全部的灌溉管理权由行政主体转移给自主组织，允许市场因素介入灌溉发展的部门或阶段,进而创造全新的灌溉发展体制与机制。

在实践中,应用上述理论形成的灌溉管理体制改革主要是在一些国际组织的推动下实施的,世界银行、国际灌溉排水委员会和联合国粮农组织先后提出了"用水户参与灌溉管理(participation on irrigation management,简称 PIM)"、"灌溉管理权转移(irrigation management transfer,简称 IMT)"以及"经济自立灌排区(self-financing irrigation and drainage district,简称 SIDD)"三种灌溉治理(管理)模式。刘铁军认为这些灌溉治理模式是由集权治理模式向自主治理模式变迁过程中所呈现的不同演进状态,本身并无优劣之分,只是侧重点不同而已[①],这三种灌溉治理模式的核心均强调权力下放,即要求灌溉管理权由行政主体向自主组织转移。由此,本书将上述三种灌溉治理模式统称为"参与式灌溉管理",本书在这里将对参与式灌溉管理的发展及实践进行总结,并对相关研究进行综述。

(一)参与式灌溉管理的发展实践

20 世纪 60 至 70 年代,为了加快经济发展、解决粮食和农产品供应短缺等问题,许多发展中国家开始大规模兴建灌溉工程,其中很多国家都得到了世界银行等国际组织的水利建设资金资助。这些灌溉工程一般由政府向世界银行等国际组织承贷,从枢纽、干支渠到田间工程配套一次性完成,工程建成以后一般由政府设立专门的机构进行管理和维护。政府一手包揽灌溉事务,相反用水户(农民)对灌溉事务的参与却处于相对被动的位置,并且由于用水户所缴水费尚不能维持灌溉系统基本的运转开支,这部分的亏损必须通过政府财政进行补贴。然而对于发展中国家而言,政府财政实难负担这部分支出,灌溉工程系统由于财政投入不足而年久失修、效益渐减。这带来的直接后果是农户对灌溉服务的不满,进而又影响到灌溉水费的收取率,从而进一步带来灌溉发展经费更大程度的不

---

① 刘铁军. 小型农田水利设施治理模式研究[J]. 水利发展研究,2006(6):10-13.

足,灌溉发展由此陷入恶性循环。① 世界银行发展报告指出,发展中国家改善公共服务有很大的成功,也有惨痛的失败,主要的区别在于公众在决定他们所获得服务的质量和数量方面的参与程度②。基于此,世界银行等国际组织提出了"参与式灌溉管理"的理念,并推动发展中国家实施参与式灌溉管理改革。

参与式灌溉管理的核心是组建农民用水户协会,并实施灌溉管理权由政府向用水户协会的转移。参与式灌溉管理对于用水户参与的程度并没有限定性的要求,具备条件的,可以将整个灌区交由用水户自己管,实现高层次的参与;不具备条件的,只能将部分工程和事务交由用水户管,实施低层次上的参与。③ 实际上发展中国家推行参与式灌溉管理的具体模式不尽相同,但是由于农民用水户协会是参与式灌溉管理的核心内容,用水户协会的组建及其数量常常成为考察参与式灌溉管理实施情况的重要指标。参与式灌溉管理自 20 世纪八九十年代开始推行以来,到 2002年,全球已经有 43 个发展中国家实施了灌溉管理权向农民用水户的转移。④

参与式灌溉管理在我国实施的具体方式是组建经济自立灌排区(SIDD)。我国于 1986 年正式加入亚洲开发银行,1988 年亚行技术援助项目"改进灌溉管理与费用回收"在我国启动。由中外专家合作完成的项目报告建议,灌溉管理可吸收灌区农户参与。1992 年,在长江流域水资源世界银行贷款项目讨论中,世界银行专家瑞丁格博士提出了建立经济自立灌排区的设想。1994 年,湖北、湖南两省的相关部门分别组织专家对"经济自立灌排区"改革的可行性进行研究,研究结论是肯定的。1995

① 水利部农村水利司,中国灌区协会.全国用水户参与灌溉管理调查与评估报告[M].南京:河海大学出版社,2006:12-13.
② 孟德锋.农户参与灌溉管理改革的影响研究——以苏北地区为例[D].南京:南京农业大学,2009:1-159.
③ 冯广志.用水户参与灌溉管理与灌区改革[J].中国农村水利水电,2002(12):1-5.
④ 崔远来,张笑天,杨平富,等.灌区农民用水户协会绩效综合评价理论与实践[M].郑州:黄河水利出版社,2009:3.

年 4 月,长江流域水资源世界银行贷款项目协定正式签订,协定要求组建经济自立灌排区以对我国的灌溉管理体制进行改革。[①] 1995 年,由世界银行提供贷款的长江流域水资源项目开始实施,项目对湖北省漳河灌区和湖南省铁山灌区的水利工程设施进行更新改造,并开始试点经济自立灌排区建设,其中湖北省漳河灌区组建了我国第一个农民用水户协会。

经济自立灌排区(SIDD)中的灌溉管理主体由供水公司(或"供水单位")及农民用水户协会构成,其中前者是供水主体,后者是用水主体,二者之间通过供用水合同关系实现灌溉用水的供给与利用,这种治理模式主张通过引入市场机制实现灌区的经济自立。不过由于灌区在运转实践中难以完全依靠水费的回收实现运转,我国向世界银行申请将"经济自立灌排区"更名为"自主管理灌排区",自主管理灌排区实施的是用水户参与、市场化供水和政府财政扶持的综合性的灌溉管理制度。在我国,用水户协会的组建是考察参与式灌溉管理改革的最为重要的指标。据统计,截至 2013 年,全国成立的以农民用水户协会为主要形式的农民用水合作组织累计达到 8.05 万家,管理的灌溉面积约 2.62 亿亩,占全国耕地灌溉面积的 28%。[②]

(二)参与式灌溉管理研究

我国关于参与式灌溉管理的研究始于 20 世纪 90 年代,进入 21 世纪以来,面对我国水利发展体制转型的需求,关于参与式灌溉管理的研究逐渐增多。总体来说,当前关于参与式灌溉管理的研究仍然集中在对其实施必要性以及实现路径的探索上,对参与式灌溉管理实施效果的考察与分析的研究则明显不足。这一研究局面与当前我国农田水利所处的发展阶段相关,当前我国农田水利正处于工程建设大发展、水利制度的建立与

---

① 水利部农村水利司,中国灌区协会.全国用水户参与灌溉管理调查与评估报告[M].南京:河海大学出版社,2006:14-15.

② 中国灌溉排水发展中心,水利部农村饮水安全中心.2013 年中国灌溉排水发展研究报告(参阅文件)[EB/OL].http://www.jsgg.com.cn/Index/Display.asp? NewsID=19842,2015-02-27/2015-06-19.

健全时期,明确农田水利的治理之道依然是首要问题。而另一方面,关于参与式灌溉管理改革的效果,正如韩东在其研究中提到的,"其实是一个管理学或经济学问题"[1],面对正式制度尚未健全、非正式制度纷繁复杂的农田水利问题领域,真正借助学科前沿理论和分析工具对我国参与式灌溉管理改革的效果进行分析的研究严重缺乏。在我国农田水利发展领域的若干方面,政策制度的发展甚至表现出比相关理论研究超前的局面。

首先,关于实施参与式灌溉管理制度必要性的讨论。当前的研究主要从三个方面论证了参与式灌溉管理制度实施的必要性。

(1) 参与式灌溉管理能够带来管理效率的提升。由政府机构承担灌溉管理职能,国家的财政负担很大,社会成本很高;而灌溉用水户管水的积极性比政府机构的高,将灌溉管理责任分散给用水户,能够对灌溉系统出现的问题和变化做出更快速的反应。[2]

(2) 参与式灌溉管理是完善行政体制的要求。参与式灌溉管理的本质是公共服务的社会化供给,是"国家权力回归社会的表现形式"[3]。

(3) 参与式灌溉管理是对灌溉发展的国际经验的借鉴。参与式灌溉管理自20世纪80年代开始在一些国家试行以来,迅速在全球范围内获得广泛应用,不仅如此,将灌溉系统交由农民用水户自己管理是大多数发达国家早已采纳的灌溉管理体制,虽然在灌溉管理组织的名称上不一定是"农民用水户协会"[4]。

其次,关于参与式灌溉管理在我国的实施路径与方法的讨论。20世纪90年代中期,世界银行推动我国参与式灌溉管理发展的具体方式是组

① 韩东.当代中国的公共服务社会化研究:以参与式灌溉管理改革为例[M].北京:中国水利水电出版社,2011:61.

② 钟玉秀.国外用水户参与灌溉管理的经验和启示[J].水利发展研究,2002(5):46-48.

③ 韩东.当代中国的公共服务社会化研究:以参与式灌溉管理改革为例[M].北京:中国水利水电出版社,2011:1.

④ 韩丽宇.世界灌溉管理机构的变革[J].节水灌溉,2001(1):34-36;钟玉秀.国外用水户参与灌溉管理的经验和启示[J].水利发展研究,2002(5):46-48.

建 SIDD。SIDD 的主体构成是"供水公司＋农民用水户协会＋用水户"：在渠首成立供水公司，在支渠、斗渠组建农民用水户协会，供水公司与用水户协会达成供用水合同关系。不过，我国由于渠首工程大多承载着大量的公益职能，渠首工程的民营化改革推进的步伐相对保守，关于实施参与式灌溉管理最主要的内容是组建用水户协会等农民用水合作组织。冯广志、刘静、张陆彪等人均对参与式灌溉管理在我国的实施路径与方法进行了有力的探索①，虽然具体的表述不尽相同，但是这些研究的核心观点是一致的，主要包含以下几个方面的内容。

（1）主要参考灌溉渠系的水文边界划分区域，统一渠系控制范围内的用水户共同参与组建农民用水户协会。用水户协会不以营利为目的，是互助合作、自主开展灌溉管理的具有法人地位的社会团体。

（2）用水户协会与供水单位之间是灌溉用水买卖合同主体双方的关系。

（3）用水户协会与政府是扶持与被扶持、指导与被指导的关系。研究还表明了水利工程产权制度改革是推行参与式灌溉管理的前提。②

再次，关于参与式灌溉管理实践效果的考察及讨论。正如上文所述，当前关于我国参与式灌溉管理实践效果的研究是相对薄弱的，当然，这与我国农田水利所处的发展阶段有重大的相关性。进入 21 世纪以来，我国加大了对农田水利的财政资金投入，参与式灌溉管理改革同步实施，虽然我国的相关政策及研究为改革效果设置了一定的考核指标，比如节水指标、纠纷控制指标等，但是由于工程建设与制度建设的同步推进，很多积极的改革效果实际上难以区分是管理制度改革的效应还是工程质量提升的效应，或者说这两者在改革效益中的比重是难以衡量的。即使如此，一

---

① 冯广志. 用水户参与灌溉管理与灌区改革[J]. 中国农村水利水电，2002（12）：1-5；刘静，Ruth Meinzen-Dick，钱克明，等. 中国中部用水者协会对农户生产的影响[J]. 经济学（季刊），2008（2）：465-480.

② 赵翠萍. 参与式灌溉管理的国际经验与借鉴[J]. 世界农业，2012（2）：18-22.

些相关研究的意义是明显的,比如西北农林科技大学"关中灌区管理体制
改革监测评价"课题组对关中9大灌区的管理体制改革进行了长达6年
的定点监测和跟踪调查,课题组的研究成果对于灌区管理监测评价的网
络与指标体系的建立以及整体的管理体制改革都是有所助益的。① 整体
来说,关于参与式灌溉管理实践效果的早期研究,一般是整体性地表达了
改革的积极效益,比如在调动农民积极性、减轻农民负担、降低水价成本、
减少用水纠纷等方面的效果②。近年来的研究则逐步开展了更为细致的
考察,有几项调查研究的结论需要特别提及:一是我国参与式灌溉管理改
革的实施在效果上呈现明显的区域差异,用水户协会在北方地区多能够
实现成功运转,在南方地区则很难发挥作用③;二是一些实地调研发现,
用水户协会的组建体现出"层级推动-策略响应"④的政策执行特征,具体
来说,用水户协会的组建显然并不是自下而上的秩序生产模式,它往往是
在各级行政组织的推动下实施的,但是当前的科层体系尚不足以对农村
基层政权组织进行有效控制,利用上下级之间的信息不完整和信息不对
称,基层政权组织对上级部门提出的组建农民用水户协会的要求采取了
策略性的行动,一大批只具备形式意义的农民用水户协会应运而生。而
根据中国灌溉排水协会的评估,当前大约只有1/3数量的用水户协会运
作较有成效。⑤

最后,对于参与式灌溉管理运行机制研究,一般认为,在政府主导的
灌溉管理模式中,"自上而下、行政命令、强制性"是灌溉管理的基本特征,
这导致"本来应当是农民用水户自主参与的小型农田水利工程管护工作,

---

① 汪志农,雷雁斌,周安良.灌区管理体制改革与监测评价[M].郑州:黄河水利出版社,
2006.

② 李代鑫.中国灌溉管理与用水户参与灌溉管理[J].中国农村水利水电,2002(5):1-3.

③ 罗兴佐.对当前若干农田水利政策的反思[J].调研世界,2008(1):13-15.

④ "基层政权组织会根据当地情形,利用上下级之间的信息不充分和信息不对称,采取策
略性的行为响应上级政策,既在形式上完成上级的任务安排,又契合当地的实际,同时满足自身
的利益需求。"参见:王亚华.中国用水户协会改革:政策执行视角的审视[J].管理世界,2013(6):
61-71,98.

⑤ 冯广志.用水户参与灌溉管理与灌区改革[J].中国农村水利水电,2002(12):1-5.

在农民意识中却变成了被动的'上面要我干'的事"[①]。而在参与式灌溉管理中，农民用水户具有主人翁地位，他们意识到灌溉工程的好坏直接关涉切身利益，他们因此会更加积极地筹资投劳，工程建设和管理维护的投入力度当然会由此获得提升，最终的结果是各类农田水利工程的质量提高了，灌溉管理的效率提升了，并且水资源浪费现象也减少了。[②]　然而，总体来说，当前对于参与式灌溉管理运行机制的研究尚停留在浅层次上，并没有从本质上阐明社会化的自主组织开展公共事务管理的一般机制。

二、"资源水利"视角的农田水利研究

我国的水资源问题在20世纪80年代中后期开始显现出来，基于对水资源可持续利用的考虑，20世纪90年代末期，时任水利部部长的汪恕诚提出了"资源水利"[③]的发展理念。"资源水利"是相对于"工程水利"而提出的概念，工程水利是"以水利工程设施建设为核心，单纯依据工程措施来解决各种水问题的治水思路"，而资源水利是"依托水利工程和资源的优势，重视资源的优化配置、工程的数量和质量、工程的建设与管理、工程措施与非工程措施，建立以资源优化配置为基础的节约型社会和经济发展体系，以及优化组合的防洪减灾体系"。[④]　汪恕诚特别强调了以下几点内容：一是要注重水利与国民经济和社会发展的紧密关联；二是要针对洪涝灾害、干旱缺水、水环境恶化问题开展综合性的治理及统一性的管理；三是要突出水资源优化配置、节约、保护的重要性；四是水利应当要与社会主义市场经济体制相适应。[⑤]　"资源水利"的理论内涵被认为是水资源的可持续利用[⑥]，资源水利视角下的农田水利的发展应当满足水资源

---

①　汪志农，雷雁斌，周安良.灌区管理体制改革与监测评价[M].郑州：黄河水利出版社，2006：2.

②　丁平.我国农业灌溉用水管理体制研究[D].武汉：华中农业大学，2006：1-104.

③　汪恕诚.资源水利的理论内涵和实践基础[J].中国水利，2000(5)：7-9.

④　王腊春，史运良，王栋，等.中国水问题[M].南京：东南大学出版社，2007：224-226.

⑤　汪恕诚.资源水利：人与自然和谐相处[M].北京：中国水利水电出版社，2003：5.

⑥　汪恕诚.资源水利：人与自然和谐相处[M].北京：中国水利水电出版社，2003：100.

可持续利用的要求,具体的政策制度是建设节水型农业。

当前的研究认为,节水型农业建设就是要在水资源管理中引入市场机制,激励农业用水户节约用水,并通过水权转让制度建设实现水资源的优化配置①。关于水权转让制度的研究,裴丽萍提出了可交易水权的概念,并建构了由比例水权、配量水权和操作水权为主要内容的可交易水权制度体系②。胡继连等人的研究则偏重于对水权市场的建构,提出了双层次的水权市场建设构想③:一级水权市场是水权出让市场,在这一层级的水权市场上完成水资源所有者(国家或政府)与用水业户④之间的初次水权交易;二级水权市场是水权转让市场,在这一层级的水权市场上完成用水业户与用水业户之间的二次水权交易(再转让)。

水权转让制度是新制度经济学在水资源配置领域的应用,通过对水权的明晰并创设水权转让的市场平台,水权可以在市场规则下自由流动,进而带来水资源从低效利用领域向高效利用领域的转移,同时也实现了水资源整体利用效率的提高。水权转让可以产生节水激励,这是关于水权转让制度设立必要性讨论中的另一种普遍观点,本书将之称为水权转让的扩展功能,原因在于依据新制度经济学产权理论产生的水权转让制度本身并不包含这层功能。关于水权转让可以产生节水激励的问题,汪恕诚在其《水权和水市场——谈实现水资源优化配置的经济手段》一文中

① 葛颜祥,胡继连.水权市场与地下水资源配置[J].中国农村经济,2004(1):56-62.

杜威漩.中国农业水资源管理制度创新研究——理论框架、制度透视与创新构想[D].杭州:浙江大学,2005:1-184.

苏小炜,黄明健.构建水权交易制度的法律思考[C]//佚名.水资源、水环境与水法制建设问题研究——2003年中国环境资源法学研讨会(年会)论文集(上册)[出版地不详]:[出版者不详],2003.

尹云松,糜仲春.农业供水改革的基本思路[J].水利经济,2004(1):59-61.

② 裴丽萍.可交易水权研究[M].北京:中国社会科学出版社,2008:150-187.

③ 胡继连,张维,葛颜祥,等.我国的水权市场建构问题研究[J].山东社会科学,2002(2):28-31.

④ 胡继连等人的研究将水权市场中涉及的交易主体(如国家、用水地区、部门、单位等)统称为"用水业户"。参见:胡继连,张维,葛颜祥,等.我国的水权市场建构问题研究[J].山东社会科学,2002(2):28-31.

以举例的方式对其原理进行了说明:山东省是黄河下游的最后一个省份,如果其用水超过了指标,则意味着其超额部分是上游省份转让给该省的一部分水权,这种转让应当有偿进行。这产生的效果是,一方面山东省对超额的用水需要支付很高的代价,它因此不得不节约用水;另一方面水权转让的费用交给上游出让水权的省份,上游意识到其节约用水可以获得补偿,因而更愿意节水,如此则"上下游都会朝节水的方向去努力"①。虽然只是利用了一个虚拟的案例,但是表明了水权转让制度激励节水的一般逻辑,即上游转让其节约产生的水权可以获益,水权转让由此可以产生对上游的节水激励;下游为了减少用水成本而竭力减少对上游水权的购买数量,水权转让由此产生对下游的节水激励。正是基于以上构想,在我国节水型农业建设的过程中,基于水权转让制度激励农业用水户和其他用水户投入节水工程建设,这是节水型农业制度建设的重要内容。

三、村庄治理视角的农田水利研究

村庄治理与农田水利的治理是两个关联性极强的领域,这是由我国农田水利的治理传统所决定的。需要说明的是,本书所述的我国农田水利的治理传统指的是新中国成立之后形成的治理传统。新中国成立以后,我国开展了大规模的农田水利建设,水利工程、水资源的产权及相关制度与之前历史时期相比,已经发生了根本改变。农业集体化时期,我国已经逐步形成了"专管机构+群管组织"共同开展灌溉管理的格局,群管组织是社区治理单位中设立的专门机构或人员,可见在这一时期,农田水利治理的部分事项已经属于村庄治理的范畴,只是这一时期"政社合一"的特殊体制使得社区治理与行政难以有明确的界限区分。改革开放以后,"政社合一"的体制不复存在,相关水利工程的建设、管理、维护以及其他相关灌排事务成为村庄治理的重要内容。不过进入 21 世纪以来,在新的水利发展体制的倡导下,村庄治理与农田水利治理的关系开始发生变

---

① 汪恕诚.水权和水市场——谈实现水资源优化配置的经济手段[J].中国水利,2000(11):6-9.

化，农田水利正在建立吸纳若干村庄治理要素的独立的治理体系。正是基于村庄治理与农田水利治理的关联性，一方面农田水利问题一直是村庄治理问题研究的重要切入点，另一方面村庄治理问题的研究也会延伸至对农田水利发展问题的关注，后者即是本书所指的村庄治理视角的农田水利研究。目前村庄治理视角的农田水利研究以华中村治学者[①]的研究最具代表性，他们在农田水利治理问题上的研究主要形成了以下特色鲜明的观点。

首先，"治理性干旱"的提出。治理性干旱的概念在申端锋《税费改革后农田水利建设的困境与出路研究——以湖北沙洋、宜都、南漳3县的调查为例》一文中首次提出，作者将由于水资源不足引起的干旱，特别是由于降雨量减少导致的干旱称为"气候性干旱"；将水利工程设施不足或破坏引起的干旱称为"工程性干旱"；将由于小农经营规模小而分散，且无法与既有大中型水利设施对接造成的农田干旱称为"治理性干旱"。[②] 此后，李宽又在《治理性干旱——对江汉平原农田水利的审视与反思》一文中对这个概念进行了进一步的阐释，他认为农村税费改革对共同生产费和义务工的取消，以及随后实施的改乡镇水利站为水利服务中心、取消村民小组长等一系列的改革，导致了原有的农田水利治理模式、灌溉体制的解体，这带来的最终结果是"面对分化的小农，农田水利基础设施无法发挥作用，而形成干旱"。所以，"治理性干旱"指的就是由于基层治理失效而形成的干旱类型。李宽的研究还表明，"治理性干旱"的出现，是村庄秩序的瓦解、国家力量的退出及市场机制的失灵这三个要素相互作用所导致的，因而他认为农田水利制度改革，既要避免单一地采纳由国家、市场或村庄治理的思路，也不能将三者笼统地合并，而应该"从农田水利的特

---

① 华中村治学者是指以华中师范大学和华中科技大学为主要平台并集中在华中地区的一批以中国农村问题为主要研究旨趣的学者，他们是当前中国农村研究中重要的组成部分。参见：贺雪峰.饱和经验法——华中乡土派对经验研究方法的认识[EB/OL]. http://www.snzg.net/article/2014/0306/article_37258.html,2014-03-06/2015-06-23.

② 申端锋.税费改革后农田水利建设的困境与出路研究——以湖北沙洋、宜都、南漳3县的调查为例[J].南京农业大学学报(社会科学版),2011(4):9-15.

性、乡村社会的性质、国家的稳定以及市场经济这些基本前提出发,将国家、市场和村庄三者结合起来,寻找最佳模式"。[①]

其次,"小水利瓦解大水利"的农田水利发展变迁机制。我国的灌溉农业形成以后,农田水利基本上是由大中型水利和微小型水利共同构成的工程体系。大小水利关系的理想状态是:大水利为小水利提供保险,即小水利应对一般条件下的农田灌溉,大水利为小水利提供基础保障。大水利与小水利之间的相互补充和相互支持,不仅使农田抗旱能力得到极大增强,而且因为大水利可以为小水利提供保险,使小水利建设投入较少,水利灌溉成本及建设成本都因此下降。[②] 不过,不同的水利工程之间具有天然的竞争性,华中村治学者对湖北省沙洋县地区农田水利变迁的考察发现,农村税费改革以后,当地大中型水利与微小型水利之间的竞争关系凸显,微小型水利试图通过自身的完善来代替大水利,而大中型水利因为长期不用(比如 5～10 年不用),水利设施很快被摧毁,管护也出现问题[③],这也是对当前农田水利发展困境的基本描述。小水利瓦解大水利的根本原因被认为是"村社这个与大中型水利对接的最小灌溉单元的解体",农村税费改革以后,村社组织不再能够通过采取强制性措施组织农户灌溉,分散的农户自己组织起来与大中型水利工程对接又极为困难。没有强制力为依托的最小灌溉单元的治理无法制约内部的搭便车行为,最小灌溉单元内部下游的、取水不便的农户常有很强的向大中型水利工程取水的需求,然而最小灌溉单元内部上游以及具备其他取水优势的农户却不愿意合作,这部分农户的搭便车行为使得下游的、取水不便的农户要分担更多的取水成本,于是这种不公平的负担局面一方面使得一部分农户的负担过重,另一方面使这部分农户产生"怄气"感,进而产生通过自

① 李宽.治理性干旱——对江汉平原农田水利的审视与反思[J].中国农业大学学报(社会科学版),2011(4):162-170.

② 贺雪峰,罗兴佐,等.中国农田水利调查——以湖北省沙洋县为例[M].济南:山东人民出版社,2012:12.

③ 贺雪峰.小农立场[M].北京:中国政法大学出版社,2013:131.

主打井、挖堰来退出最小灌溉单元的现象。当下游农户退出最小灌溉单元时，原先位于渠道中游的农户由相对上游的位置转变成为相对下游的位置，这意味着中游农户会进一步退出最小灌溉单元，这种解散由下游至上游发生，直至整个最小灌溉单元解体，最终结果是农户自主建设管理的微小型水利取代了大中型水利。①

最后，农田水利不是合作问题，而是组织问题。② 农村税费改革前后，政策所倡导的农田水利的公共治理主体发生了变化，税费改革前村社组织承担农田水利治理任务，税费改革以后则倡导成立用水户协会等农民用水合作组织开展农田水利治理。华中村治学者的研究表明，政策倡导的改变实际上意味着农田水利治理思路的变化，村社组织开展的治理是组织化的治理思路，用水合作组织开展的治理是合作化的治理思路，这两种思路的最大区别在于，前者遵循"少数服从多数"的治理逻辑，后者则遵循"多数服从少数"的治理逻辑③，意思是说，合作组织以遵循完全自愿为原则，只要合作组织的成员有一个人不同意，则意味着合作事项无法达成，甚至最终可能导致合作组织解体。然而，农田水利是一个公共性极强的治理领域，特别是在最小灌溉单元内部，灌溉供水对户计量的能力欠缺，灌溉服务供给难以设计排他性，最小灌溉单元的公共治理本身就是为了将外部性内部化。然而，合作组织本身具有的不稳定性意味着外部性内部化的不确定性，进而也意味着公共治理难以达成。由此，农田水利的治理，特别是田间水利工程只有通过组织化的路径才能够实现有效治理。

总体来说，华中村治学者的研究认为当前农田水利发展问题最关键的是需要解决"最后一公里"问题，他们认为农田水利的"最后一公里"实

---

① 贺雪峰，罗兴佐，等.中国农田水利调查——以湖北省沙洋县为例[M].济南：山东人民出版社，2012：26-32.

② 桂华.组织与合作：论中国基层治理二难困境——从农田水利治理谈起[J].社会科学，2010(11)：68-77.

③ 袁松."买水之争"：农业灌区的水市场运作和水利体制改革——鄂中拾桥镇水事纠纷考察[J].甘肃行政学院学报，2010(6)：78-84.

质上"是分散的小农与大中型水利设施无法对接的问题",因此,"'最后一公里'不是硬件问题而是软件问题,不是投资问题而是使用问题,不是工程问题而是组织问题。"①并进一步提出,通过国家和城市向农村输入资源,将这些资源转化成为农村基层组织的治理能力,一个强有力的农村基层组织体系是农田水利"最后一公里"困境的出路,这也是农村稳步发展的基本要求。②

第四节　研究设计

一、对已有研究的评述

总体来说,已有的研究均对我国农田水利的发展做出了有益的探索,并且有一些研究已经转化成了相关的制度建设成果。上述研究体现了当前农田水利发展问题的两种研究思路:一是从理论到制度建构的研究思路,上述公共管理视角的研究和"资源水利"视角的研究均遵循这一研究思路;二是从经验到制度调整的研究思路,上述村庄治理视角的研究则属于这种类型。

在农田水利这样一个具体的公共事物发展问题上,从理论到制度建构的研究,或者说理论应用型研究的意义当然是毋庸置疑的,它为我国农田水利的发展注入了新鲜的血液。公共管理视角的农田水利研究将西方新公共管理的相关理论引入农田水利治理领域,随着农民用水户协会被确立为我国农田水利发展制度中的一个重要主体,这一视角的研究可以说已经实现了其向制度成果的转化。"资源水利"视角的研究向制度成果转化的步伐则相对缓慢些,目前主要还是在一些区域进行试验(制度改革试点)。在我国,一些政策问题研究在向制度成果转化的过程中一般都需

---

① 贺雪峰,罗兴佐,等.中国农田水利调查——以湖北省沙洋县为例[M].济南:山东人民出版社,2012:13.
② 贺雪峰.小农立场[M].北京:中国政法大学出版社,2013:100.

要经过一个试验的过程，也就是通过制度改革试点的方式来检验相关理论的适用性。不过在实践中，"试点"常常变成"造点"，地方政府往往通过多方面的投入来打造改革试点成功的迹象，所以试点几乎都是成功的，也就是说理论研究成果进入"改革试点"阶段以后，基本上最终都会转化成为制度成果。很显然，这样的制度成果对相关事务的发展并不一定能带来积极的效果。在农田水利问题上，虽然公共管理视角的研究和"资源水利"视角的研究不同程度地被制度吸纳，但是关于这些制度实践的效果却明显不足。

村庄治理视角的研究则完全遵循的是一条从经验考察出发来讨论农田水利发展问题的路径，换句话说，它是从农田水利治理的实践中来提炼问题，基于经验分析问题，进而提出解决方案。村庄治理视角的农田水利研究的典型特征是，它是从实践考察中总结、提炼农田水利发展所存在的问题，它并不是将农田水利问题视为一个简单的公共物品的供给与管理问题，它展现了该问题涉及的相关因素的丰富性。此外，村庄治理视角的农田水利研究还基于经验进行了一定的机制分析，比如关于"组织"与"合作"问题的讨论，可以说对农民用水户协会"水土不服"的现象进行了机制分析，即在小农经济的背景下，通过农户合作的方式无法形成稳定的灌区末端的治理主体，进而也会由于小农户与大水利无法对接而成为水利困境。由于贴近实践，村庄治理视角的农田水利研究对农田水利发展问题的把握更为客观、准确。

纵观这些研究，它们集中形成的时期并不相同，公共管理视角的农田水利研究主要集中在 21 世纪 90 年代末期和 21 世纪的头几年；"资源水利"视角的农田水利研究大约是自 2000 年以后才开始丰富起来的；村庄治理视角的农田水利研究起步很早，比如罗兴佐的博士学位论文《治水：国家介入与农民合作——荆门五村研究》[①]即已经开始关注农田水利问

---

① 罗兴佐. 治水：国家介入与农民合作——荆门五村研究[D]. 武汉：华中师范大学，2005：1-136.

题。2010年,华中科技大学中国乡村治理研究中心组织了一次大规模的农田水利专题调查,形成了包含《中国农田水利调查——以湖北省沙洋县为例》等著作在内的广泛的研究成果。换句话说,这些研究成果呈现时间阶段性的特征,而这显然与我国农田水利制度发展的阶段性相关,在制度创立阶段当然需要从理论到制度建构思路的研究,在制度已经相对完整和体系化的阶段,我们需要更多的从经验出发的研究,一方面可以检视制度实施的效果,另一方面也是制度完善的需要。

二、本书的思路

本书对农田水利问题的研究遵从的是从经验到制度调整的研究思路。在我国农田水利发展制度趋于体系化的当下,我们当然更需要从经验考察出发来讨论农田水利的发展问题,并且现阶段需要进行的经验考察很大程度上是对相关制度实施效果的考察。本书参照政策问题研究的一般结构进行结构安排,即基本结构由提出问题、分析问题和解决问题几部分构成。与此同时,还在上述分析的基础上对相关的理论问题进行讨论,因为对农田水利发展这一现实问题的关注必然可以为相关理论的发展带来启示。

本书具体的章节布置如下。

第一章:导论。导论部分主要对本书论题的提出进行说明、阐述本书研究的基本背景、梳理相关的国内外文献,并在此基础上提出本书的研究思路,同时还对本书研究操作的技术路径即研究方法进行说明。

第二章:农田水利治理制度变迁。本章以农村经营体制变革为线索,梳理我国农田水利治理制度的变迁,分三个时间段进行阐释,即农村集体经营体制时期、农村双层经营体制时期和农村新双层经营体制时期。这部分的梳理既是为了展示为适应农村经营体制的调整,农田水利治理制度相应调整的过程,也是为了完整地展示目前农田水利的治理制度。

第三章:农田水利治理的现状与问题。对沙洋县农田水利发展状况的考察发现，现行的市场化、社会化改革措施，并未能解决农田水利的发展困境，支渠、斗渠的治理出现了"对户配水"难题、用水户协会难以维系以及村社组织开展灌溉管理困难等难题；农渠和田间工程的治理中出现了工程利用的"公地悲剧"与"反公地悲剧"情形。本章的分析表明，以沙洋县的农田水利治理状况为典型的灌区末级渠系乃至灌区整体的治理困境，其源头性的原因是基本灌溉单元治理结构的解体。

第四章：农田水利的性质再认识。本章从灌区系统性的视角梳理灌区末级渠系的性质特征。灌区末级渠系是由一定的农田水利工程构成的系统，它具有农田水利的一般特征；在明确我国灌溉系统的基本构成和农田水利发展的基本现状的基础上，本章对灌区末级渠系的性质特征进行了微观层面的解读，表明了灌区末级渠系层次化的公共性等特征；在我国小农经济的农业发展背景下，灌区末级渠系还具有末端公共性的特征。

第五章：农田水利的治理之道。基于对农田水利治理困境的分析，表明农田水利"最后一公里"问题的解决首先是要明确治理主体，进一步是要提升该主体的治理能力。以农田水利的性质、特征为依据，本章总结出了我国灌区末级渠系治理的三种治理模式，并分别确立了其治理主体。进一步通过治理主体法律制度建设、农业水权的配置及农田水利工程产权配置的方式创设其基础性的治理能力。

第六章：论农村双层经营体制的完善。本书的研究表明了农村双重经营体制在农田水利治理中的积极意义，农村双重经营体制的完善对农村若干公共事物的治理，以及对我国农业现代化转型均具有重大意义。本章旨在探索农村双层经营体制理论的完善路径，通过对农村集体经济组织法律属性的分析，表明农村双层经营体制制度的完善应包含两个方面的基本内容：一是专门针对农村集体经济组织的地区性合作经济组织的性质进行法律制度建设，二是农村集体土地所有制的完善。

第七章：结语。本章对全书内容进行了概括和总结，本书的讨论不仅明确了农田水利发展困境的解决之道，同时借此重新审视了我国所特有的农村双层经营体制,表明了该体制对我国农业、农村发展的重大意义。本章还就农田水利的发展提出若干政策建议,并反思本书存在的不足及阐释本书可以进行深化和延展研究的可能。

三、研究方法

本书的论题是关于农田水利发展问题的研究,属于公共政策问题研究的范畴。美国政策学家内格尔认为:"广义的政策研究可被定义为对不同公共政策的性质、原因和效果进行的研究。所有的科学知识领域,尤其是社会科学都与这一研究有关。"在他看来,政策研究应当遵循"以政治学为基础的多学科性定量化的价值导向",除了占重要地位的政治学以外,他还列举了社会学、经济学、心理学、人类学、地理学、历史学、法学、哲学以及数学、计算机科学等各种学科对政策研究的影响。[1] 公共政策研究作为一门研究公共政策现象和寻求政策解决方案的应用性、综合性学科[2],研究视角与研究方法的多元是其基本特征。本书的研究对象同时属于农业经济学、公共管理学和资源环境学的研究范畴,而作为政策研究,又必须考虑政策制定的社会基础、政策可能产生的社会和经济效益、政策制度实施的成本等因素,这意味着本书的研究需要综合运用多种社会科学的研究方法。

首先,矛盾分析的方法。矛盾分析法是唯物辩证法认识事物和分析问题的根本方法,矛盾分析方法要求对矛盾的普遍性与特殊性、主要矛盾与次要矛盾都要保持辩证的认知态度。本书将在农田水利的发展困境问题上采用矛盾分析的方法。

其次,历史分析的方法。历史分析的方法要求研究政策产生的历史条件以及政策变动乃至终结的过程,通过前后政策之间的比较,可以找到

---

[1] 斯图亚特·S.内格尔.政策研究:整合与评估[M].刘守恒,张福根,周小雁,译.长春:吉林人民出版社,1994:264-268.

[2] 徐湘林.公共政策研究基本问题与方法探讨[J].新视野,2003(6):50-52.

一些规律性的经验。本书采用此方法追溯农田水利治理制度的变迁。

再次，比较分析的方法。在科学研究中，比较方法是"理性方法的主要条件之一"。在公共政策问题的研究上采用比较分析的方法，其技术措施包括对社会问题提上政策议程的比较、对政策方案的比较、对政策执行和评估方案的比较，以及通过对公共政策进行跨国比较以产生经验借鉴。本书将主要在农田水利治理主体的层面采用比较分析的方法。

最后，经验研究的方法。经验研究是社会学研究的一种基本方法，它类似于自然科学中的实验研究，这一研究方法强调知识的经验性和可检验性。一般认为，社会学经验研究的方法存在定性研究与定量研究两条基本的路径，本书主要采用了定性研究的方法。

第二章 农田水利治理制度变迁

农村新双层经营体制时期，水利工程的管理体制、小型农田水利工程的产权制度、农田水利建设投入制度等方面都在进行改革与新的制度建设，我国的农田水利发展进入了一个全新的时期。

本章将回顾新中国成立以来农田水利治理制度的演变过程。新中国以前,虽然也有一定面积的灌溉农业,但灌溉工程多为小型池塘、陂塘、涵闸等工程类型,只有个别较大的灌溉工程和堤防,总灌溉面积约为 2.4 亿亩。新中国成立以后,我国开展了大规模的农田水利建设,截至"五五计划"结束时的 1980 年,全国已经形成了数量庞大的大、中、小型灌区,总面积达 7.3 亿亩,人均灌溉面积超过世界平均水平,可以说,我国现代农田水利体系是新中国成立以后才开始逐步发展起来的。新中国成立以后,通过土地改革、农业合作化等运动的实施,土地制度、水利工程的所有权制度都发生了根本变化,加之国家以动员劳动力的方式实施农田水利建设,我国的农田水利自这一时期开始形成新的建设与管理传统。

我国农田水利治理制度的数次调整都是为了适应农村经营体制的变革,所以本章将以农村经营体制变革为线索,追溯农村集体经营体制时期、农村双层经营体制时期和农村新双层经营体制时期农田水利治理制度的变迁。农村集体经营体制时期所指的时间范围大约是 20 世纪 50 年代末至 20 世纪 80 年代初期,农村双层经营体制时期所指的时间范围大致是 20 世纪 80 年代初期农村改革以后,到 2002 年实施农村税费改革以前,农村新双层经营体制时期所指的时间范围大致是 2002 年至今。需要说明的是,与"农村集体经营体制""农村双层经营体制"这些已经为政策所采纳的概念不同,农村新双层经营体制是本书提出的概念,因为"农村双层经营体制"的概念虽然一直为我国相关制度所采纳,但是农村税费改革以后,"农村双层经营体制"已经具备了全新的内涵。

本章对农田水利治理制度的梳理关注的重点是"最后一公里"的治理制度,也就是灌区末级渠系的治理制度。本章的梳理表明,我国灌区末级渠系制度变革的基本思路是"国退民进",即国家在灌区末级渠系治理领域的退出,以及市场、社会主体在这一领域的进驻。灌区末级渠系治理制度变革的主要内容是治理模式和治理主体之变。另外,一个容易被忽视的地方是,随着农村经营体制的变革,我国灌区末级渠系的治理范围有所扩张。

第一节　农村集体经营体制时期农田水利治理制度

本节追溯农村集体经营体制时期农田水利的治理制度,所涉及的时间范围大约是 20 世纪 50 年代末至 20 世纪 80 年代初。这一时期,国家以发动群众的方式开展了大规模的农田水利建设,我国的农田水利事业因此取得了巨大成就,在农田水利的管理制度方面也进行了诸多有益的探索,并于 1981 年形成了灌区管理的系统性规范,即《灌区管理暂行办法》的颁行,这部法规是在总结 30 多年农田水利发展经验的基础上形成的。

一、农田水利的发展状况

农村集体经营体制时期也就是我国农业合作化生产时期。我国的农业合作化先后经历了从互助组、初级社、高级社到人民公社的 4 个发展时期。人民公社体制最基础的特征是一"大"二"公"和政社合一。就一"大"二"公"来说,其中"大"指的是人民公社的规模大,一乡为一社,几千户农户,几万农民人口构成一个公社;"公"则是对公有化程度高的生产资料所有状态的表述,人民公社化运动以后,除开农民自有的生活资料,农村范围内所有的生产资料均归属公社集体共有。"政社合一"则指的是乡一级的农村集体经济组织与乡级政府是合一的,这就相当于由乡政府行使管理农村经营活动的权力。[①]在农村集体经营体制时期,我国农田水利发展的基调是大兴水利工程建设。

在一"大"二"公"、政社合一的人民公社体制下,国家权力的触角已经伸到了村庄,进一步通过动员机制,动员群众参与农田水利建设。农村人民公社体制时期,我国农田水利经历了 4 个发展时期:"大跃进"时期

---

① 陈锡文,赵阳,陈剑波,等.中国农村制度变迁 60 年[M].北京:人民出版社,2009:16-17.

(1958—1961年)、调整巩固时期(1962—1965年)、"文化大革命"时期(1966—1976年)以及农田基本建设高潮时期(1977—1979年)。

"大跃进"时期(1958—1961年)。1958年,在党的八大二次会议上通过了社会主义建设总路线,随后即发动了"大跃进"和人民公社运动。农田水利建设则在"大跃进"中一马当先,在连续两年的冬春修农田水利建设中,劳动力出动上亿,土石方完成数量也是史无前例的,这一时期开工建设了大量的大型水库、大型灌区,开工建设的中小型农田水利工程更是数不胜数。

调整巩固时期(1962—1965年)。1962年"农业六十条"颁行以后,我国农田水利工作进入整顿、巩固、续建、配套的发展阶段。同年,全国水利会议确立了新的水利工作方针,表明农田水利发展要"巩固提高,加强管理,积极配套,重点兴建,并为进一步发展创造条件"。1963—1965年3年间,全国新增灌溉面积3000万亩左右,全国灌溉总面积达到4.8亿亩。不仅如此,在"大跃进"中开工建设的一批大中型水库及灌区,大约有80%在这一发展时期完成了续建配套并开始逐步发挥效用。

"文化大革命"时期(1966—1976年)。1966年开始的"文化大革命"也给我国农田水利事业造成了重大损失,1966—1970年水利建设几乎全面停顿,部分水利工程在这一时期还遭到了严重破坏,1970年以后,农田水利才逐渐步入恢复整顿阶段。在农田水利的恢复整顿期间,山、水、田、林、路的综合治理有了较大程度的发展。到1976年年底,全国有效灌溉面积已达6.8亿亩,排涝面积达到2.4亿亩。

农田基本建设高潮时期(1977—1979年)。1977年,水利电力部、国家计划委员会(现国家发展和改革委员会)等11部委联合召开农田基本建设会议,此次会议交流了各地农田基本建设的经验,并提出了落实全国第二次农业学大寨会议对农田水利建设的要求,即到1980年实现一人一亩旱涝保收高产稳产田的农田水利发展目标。1977—1979年,我国又新增灌溉面积 3000 万亩,除涝面积 1600 万亩。[①] 截至"五五计划"结束时的 1980 年,我国有效灌溉面积达 7.3 亿亩,占世界灌溉面积的 1/4,人均灌溉面积已超世界平均水平。

二、灌区管理规则体系

本小节将主要参照《灌区管理暂行办法》的规定对农业集体化经营时期灌区管理规则体系进行介绍。《灌区管理暂行办法》虽然颁行于 1981 年,但它是在总结之前 30 年里我国农田水利发展的经验并在调查研究的基础上制定的,一方面它是我国灌溉管理新的系统性规范,另一方面它也是对我国农业集体化经营时期灌溉管理经验的提炼、总结与系统化。

(一) 灌区管理的组织机构设置

经过大规模的农田水利建设,我国形成了数量众多的大、中型灌区,这些灌区一般属于国家管理,还有一些小型灌区,则一般由社队集体或者联社进行管理。《灌区管理暂行办法》是直接针对国家管理的灌区进行的制度规范,同时表明社队集体管理的灌区可以参照执行。

各级水利行政主管部门直接负责灌区管理。水利部是中央一级的水行政主管部门,它是我国最高级别的水行政主管部门,它的主要职能是进行灌溉的行业指导与宏观管理。各灌区依据属地原则划归市(地区)水利局或县水利局负责管理,受益范围跨两个市以上的大型灌区由省水利厅管理。[②]

灌区管理组织,实行的是按渠系一管理、分级负责的原则,采取专业管理机构(简称"专管机构")与群众性管理组织(简称"群管组织")相结合的办法进行管理,其中专管机构主要负责支渠及以上工程的管理,而斗渠及以下的管理工作则交由群管组织负责。国家管理的灌区归属哪一级行政单位领导,即由该人民政府设立专管机构,依据规模大小的不同,灌

---

① 水利部农村水利司. 新中国农田水利史略:1949—1998[M].北京:中国水利水电出版社,1999:10-17.

② 各地方水利厅、水利局的设立时间与发展过程存在不一致性。

区可分别设立管理局、处或所。① 对于斗渠及以下由群管组织进行管理的工程，则要求设立段长、斗长(看水员)等专门管理人员，他们在专管机构的领导下开展工作。对于社队集体管理的灌区，也要求社队进行专门机构或专门管理人员的设置，防止出现工程无人管理的状况。

灌区要求实行民主管理，定期召开灌区代表会，灌区代表会是灌区管理的权力机关，其组织机构是灌区管理委员会，灌区专管机构则是灌区管理委员会的常设办事机关。灌区代表会的职责包括：反映受益社队的意见及要求，审查灌区管理委员会的工作报告，讨论灌区管理委员会提交的研究事项并作出最终决议。灌区管理委员会的职责是：审查灌区专管机构的工作计划与总结，制定和修改灌区管理的规章制度并研究灌溉管理中的重大问题。灌区管理委员会及灌区代表会通过的决议，在报上级水行政主管部门批准后进入执行阶段，灌区专管机构则是执行主体。不仅灌区要成立灌区管理委员会，支渠、斗渠也要求成立相应的渠段管理委员会，实行民主管理，具体的机构设置与灌区管理委员会类似，群管组织则是这部分渠段管理中具体灌溉管理事务的执行主体。

总体而言，农业集体化经营时期灌区管理的组织机构体系可以用图2-1概括。

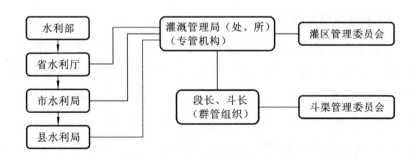

图 2-1　农业集体化经营时期灌区管理的组织机构体系

---

① 一般情况下，大型灌区设立管理局，中型灌区设立管理处，小型灌区设立管理所。

（二）灌区工程管理

这一时期对灌区工程管理的规定除了对保护范围的界定、具体的保护措施外，还对工程管理的事权责任进行了划分，具体来说，包括以下几个方面的内容。

首先是灌区续建配套的事权责任划分。根据《灌区管理暂行办法》第十四条的规定，对于灌区在建设阶段遗留下来的尾工，如需进行续建、配套或改建，则要通过水利行政主管部门安排设计单位进行规划设计，该规划设计经上级部门审查批准后被列入年度计划，最终依据该年度计划对相应的工程进行续建及配套。

其次是灌区工程的维修养护问题。灌区工程依据管理主体的不同，其维修养护方式存在差异。具体来说，属于专管机构管理的农田水利工程，维修所需资金从专管机构的水费等收入中进行开支，维修所需要的用工则按受益分摊给灌区内各社队集体，在报当地政府批准后，也会对这些用工给予一定的报酬；由社队管理的农田水利工程，按照"谁受益，谁负担"的原则分担维修养护责任，这部分责任既包括费用责任，也包括用工责任。由社队开展的农田水利工程的维修养护工作需要按照专管机构提出的标准及要求进行，专管机构也会对它进行技术指导。[1]

（三）灌区用水管理

在灌溉用水管理方面，我国借鉴了苏联的计划用水制度。计划用水，指的是"根据作物高产对水分的要求，并考虑到水源情况，工程条件以及农业生产的安排等，在用水之前，编制用水计划，然后有计划地进行蓄水、取水（包括水库供水、引水和提水）、配水和用水"[2]。用水计划的编制，需要首先由用水单位向灌区管理单位提出用水申请，灌区管理单位进行综合平衡后，编制年度或季度用水计划，经灌区管理委员会审核后作为供水

---

[1]　具体参见《灌区管理暂行办法》第二十条的规定。

[2]　水利部农村水利司.新中国农田水利史略：1949—1998[M].北京：中国水利水电出版社,1999:176.

的基本依据。

灌区管理单位拥有灌区的水量调配权,在综合考虑各类水源(包括地下水)的前提下进行调度及分配。灌区管理单位配水的基础依据是用水计划,进而依托各级渠系将水层层分配下去。不过在灌溉期间如果出现特殊情况或事故,灌区管理单位可以进行应急性的配水调整,比如有计划地减水、退水,甚至是停水。除此以外,对于超额用水、违章用水的用水主体,灌区管理单位依据情况的不同可采取适当的处置措施。对于一般的违规行为,灌区管理单位可以对违规主体进行加价收费或者停止供水;对于情节严重的违规行为,灌区管理单位需要报请相关部门进行处理,比如有一些违规行为扰乱了公共秩序,则需要报请相关部门进行治安处罚。①

要将上述制度具体执行下去,引水入田、实现灌溉还需要一支技术与服务队伍,这是由农田水利工程的基础条件决定的。一般支渠及支渠以上的输水秩序由专管机构负责,斗渠及以下的分水秩序由群众管理组织和用水单位自主负责,所以在灌溉供水以前,群管组织和用水单位在灌溉的准备工作中就是要组建负责斗渠及以下灌溉事务的技术与服务队伍,除了群管组织的段长、斗长(看水员)参与外,一般还需要组织巡渠队、浇地队(放水员)。这些人员一般是选取受益社队中办事公道、热心水利的人参加,虽然不是正式的水利行政服务人员,但对于这些人员依然需要设立工作责任制和报酬奖惩制,具体的制度设计还需要与当地农业生产责任制相适应。②

(四)灌区经营管理

灌区管理单位属事业单位性质,但是《灌区管理暂行办法》要求灌区管理单位要加强经营管理,推广经济核算,按企业要求进行管理。灌区管理单位的收入主要由水费收入和综合经营收入两部分构成。

---

① 具体参见《灌区管理暂行办法》第二十一条至第三十四条。
② 具体参见《灌区管理暂行办法》第十三条。

我国水利工程的水费制度是自 20 世纪 60 年代才开始逐步建立起来的,1965 年,国务院批转《水利工程水费征收使用和管理试行办法》,这是 1949 年以来首个全国统一的水费收取制度规范。《水利工程水费征收使用和管理试行办法》分别确立了工业消耗水、工业循环水和城市生活用水的水费范围标准,但对农业水费标准则要求各省自定,且并未明确水费标准的形成基础。水费制度设立的目的是为了转换水利工程的运行管理模式,实现水管单位的"自给自足,适当积累"。然而由于受到"文化大革命"的影响,这一水费制度并未获得很好的执行,灌溉经费来源依然由财政拨款、人民公社收缴的水利粮和组织的农民投工构成。所以,农业集体化生产时期的灌溉供水常被表述为"福利供水阶段"[①],在这一制度体制下灌溉用水上的"大锅饭"现象严重。

而关于灌区开展多种经营的体制,实际上直至 1980 年国务院批转水利部、财政部、国家水产总局《关于水库养鱼和开展综合经营的报告》后才开始逐步实施。在整个农村人民公社体制时期,灌区在开展综合经营方面的表现并不明显。

(五) 灌溉科研与技术推广

根据《灌区管理暂行办法》第五章的规定,灌区的灌溉试验与技术推广主要包含以下几个方面的内容:首先,开展灌溉科研与推广工作的主体是各级水利部门;其次,灌溉技术通过试验、示范的方式进行推广,灌溉试验经费应当被列入灌区管理支出计划之中;最后,灌溉技术的推广可以与当地的农技推广体系结合起来,由此提升灌溉技术推广的效率。[②]

三、灌区末级渠系管理制度

如上文所述,我国灌区实行的是专管机构与群管组织相结合的管理

---

① 范连志.大型灌区水管单位体制改革与农业供水成本水价研究[D].武汉:武汉大学,2004:1-80.

② 具体参见《灌区管理暂行办法》第三十二条至第三十四条的规定。

模式,专管机构负责灌区骨干工程管理,群管组织负责灌区末级渠系管理。对于群管组织,虽然直至 1981 年的《灌区管理暂行办法》才对之进行了系统的表述,但是群管组织的制度与实践在 20 世纪 50 年代就已经展开了,该时期在大中型灌区的管理中,鼓励在人民政府的领导下建立专管机构和基层用水组织。20 世纪 70 年代末,在对全国水利管理进行经验总结的基础上,时任水利电力部部长的钱正英再次提出灌区管理"实行专业管理同群众管理相结合,建设一支又红又专的管理队伍"的要求。本小节将从群管组织、管理机制以及管理的特征三个方面对农业集体化经营时期灌区末级渠系的管理制度进行阐述。

（一）群管组织

灌区的末级渠系,一般指的是斗渠,少数情况下指的是支渠渠段,《灌区管理暂行办法》要求在这部分渠段设置段长、斗长等职位。《灌区管理暂行办法》表明,段长、斗长等要在专管机构的领导下,负责本渠系范围内的管理工作,表明专管机构与群管组织之间是领导与被领导的关系,群管组织有作为灌区专管机构派出机构层面的性质。但是群管组织又并不是正式的灌区管理行政组织,其工作人员没有事业编制,同时也没有事业经费,群管组织的工作人员由相应的社队集体"采取与当地农业生产责任制相适应的形式"确立工作责任制与报酬奖惩制,这又表达了群管组织作为社队集体职能部门的性质。

支渠、斗渠渠段要求实行民主管理,因而在支渠、斗渠要求成立管理委员会。这表明支渠、斗渠管理委员会是灌区末级渠系实施群众管理设置的组织机构,而段长、斗长的职位可以说是该渠段管理委员会的常设机关。

由此,可以将灌区末级渠系群众管理的组织结构体系总体表述为:支渠、斗渠管理委员会是实施灌区末级渠系群众管理的组织机构,它受到灌区专管机构和社队集体的双重领导,段长、斗长职位是其常设机关。

（二）管理机制

关于群管组织的运行机制,首先必须要明确的是,其管理的工程范围是斗渠或者支渠渠段,斗渠以下的农渠及其他渠系一般控制的灌溉面积都在生产队的范围内,因而这部分灌溉管理的内容是生产队农业生产事务的组成部分。群管组织的职责即是负责其管理渠段的工程管护与渠段配水事务。

渠段配水的过程大致分为以下几个步骤:首先,渠段的段长或斗长在掌握了该渠段控制面积的旱情以后,向灌区专管机构申报用水计划;其次,灌区专管机构确定了用水计划后,按计划实施供水;最后,除了段长、斗长作为专门的技术人员以外,还需要组织专门的巡渠队、浇地队(放水员)共同实施渠段上的配水事务。需要补充说明的是,灌区专管机构也需要为这些末级渠段的配水提供技术指导,并且群管组织可以协调并确立其管理渠段各用水主体的取水顺序。关于群管组织工作人员的报酬问题,《灌区管理暂行办法》的规定是"采取与当地农业生产责任制相适应的形式"确立工作责任制与报酬奖惩制,具体来说就是由相应的公社集体或生产大队集体承担灌区末级渠系管理事务的劳务成本。

而关于渠段维修养护的责任,《灌区管理暂行办法》表明应当按照"谁受益,谁负担"的原则,由受益主体(生产队)通过出工的方式完成。灌区专管机构也需要在末级渠系的维修养护事务中提供技术指导。

从灌区末级渠系管理事务具体的实施过程来看,虽然被称为"群众性管理组织",但是灌区末级渠系的管理组织性质的主要层面依然是社队集体组织的职能部门。灌区末级渠系管理工作的顺利开展,主要依托于"政社合一"的人民公社体制,在这一体制下,群管组织组织巡渠队、浇地队,以及分摊与实施渠段的养护任务,成本都是极低的。

(三) 管理的特征

农村人民公社体制时期由群管组织开展灌区末级渠系的管理,这种管理模式体现出以下几个方面的特征。

首先,灌区末级渠系管理的范围只包含斗渠以及部分支渠渠段,而不包含农渠及以下的渠道系统。这是由当时的农业经营体制所决定的,农业采取集体经营的模式,生产队是基本的农业生产与经济核算单位,而在水利工程的布置原理中,农渠及以下工程一般由生产队自行管理,而不属于灌区管理的范畴。

其次,灌区末级渠系由群管组织管理,名义上是群众性的自治组织,实质上依然是行政组织。群管组织管理灌区末级渠系,整体的运转都是以"政社合一"的体制和国家权力下沉至村庄为基础的,其本质依然是由国家权力实施灌溉管理。

再次,水利工程的建设与管理体现出一定程度的分离的特征,也就是说建设投入并不是影响管理体制设计的根本要素。人民公社体制时期,水利建设是在中央的统一部署下,各级政府动员群众实施建设,即使是规模并不算大的农田水利工程,常常也涉及跨区域的劳动力调动,而工程建设完成以后的利用、管理主体的确认则是根据工程能够发挥效用的范围来确立的。

最后,依托于群管组织开展灌区末级渠系管理的模式并未以水利工程所有权的明确界定为基础。农村人民公社体制时期,对于末级渠系工程一般只是参照受益范围,确立设立群管组织的体制级别,因而既有生产大队一级的群管组织,也有公社一级的群管组织,对于跨公社的水利工程,也可以成立联社的群管组织。而管理体制的设计并未将渠系的所有权或者使用权界定给群管组织,直至 1983 年《水利水电工程管理条例》的颁行才首次对水利工程的产权进行了明晰。

第二节　农村双层经营体制时期农田水利治理制度

农村改革以后,我国农田水利发展的重点由建设转向管理,农田水利发展的相关制度规范迅速建立起来。为了适应农村经营体制的变化,灌区管理制度进行了相应的调整。本节所述的农村双层经营体制时期,大致指的是 20 世纪 80 年代农村改革起步至 2000 年左右的时间范围,进入

21 世纪以后,虽然"双层经营"依然是我国农村经营体制的重要表述,但是随着农村税费改革、农村土地制度等相关制度的调整,我国农村经营体制中"双层经营"的内涵已经发生了变化,本书由此将 21 世纪以后我国农村发展划归为"新双层经营体制时期"。此外,20 世纪 90 年代中期,我国在接受世界银行援助水利建设的项目中,开始在一些区域试点进行自主管理灌排区建设,自主管理灌排区中形成一种全新的末级渠系管理模式,本节亦将对之进行说明。

一、农田水利的发展状况

1978 年召开的党的十一届三中全会拉开了我国农村改革的序幕。农业经营改革是农村改革中最为重要的内容部分,"包产到户"和"包干到户"等农业经营形式率先在安徽省、四川省、贵州省等地区的部分农村获得实施,这些村庄自发地对人民公社高度集中统一的经营体制进行了改革。此后,这个实践先行的改革逐步为各地政府所接受和采纳。1983 年 1 月 2 日,中共中央发布了《当前农村经济政策的若干问题》,这个当年的中央"一号文件"明确了人民公社体制改革的内容:一方面是生产责任制改革,强调了实施家庭联产承包责任制的重要意义;另一方面是政社体制改革,即分步骤、分阶段地改"政社合一"体制为"政社分设"体制。而 1983 年 10 月,中共中央、国务院发出了《关于实行政社分开建立乡政府的通知》,正式宣告了人民公社体制的终结,与此同时,以家庭联产承包责任制为主、统分结合的双层经营体制被确立为我国农村的基本经营制度,而在政社体制层面,则要求农村建立村民自治制度。[①]

20 世纪 80 年代,我国水利工作的重点发生了转移,在 1983 年的全国水利会议上,明确将"加强经营管理,讲求经济效益"确立为此后水利发展的方向,水利管理取代水利建设成为了农村改革后我国水利发展的重点。总体来说,农村双层经营体制时期我国农田水利在建设上经历了两

---

① 陈锡文,赵阳,罗丹.中国农村改革 30 年回顾与展望[M].北京:人民出版社,2008:2.

个发展阶段,即农村改革大潮中的农田水利(1980—1989 年)和深化改革开放中的农田水利(1990—1998 年)。[①] 农村改革以后一度不再动员农村劳动力进行农田水利建设,与此同时,国务院颁布了关于"划分收支,分级包干"的财政管理体制的暂行规定,形成了中央与地方财政"分灶吃饭"的体制,而农田水利费则包干给地方财政。由于地方财力不足,1980 年以后,我国农田水利建设的规模开始缩小,有的地方甚至处于停顿状态。与此同时,水利工程老化失修的问题日益严峻,导致水利工程的效益衰减,"六五"期间,全国灌溉面积净减 1400 万亩。1986 年、1987 年由中共中央书记处农村政策研究室和水电部召开两次农村水利座谈会,此次会议尖锐地指出了我国水利发展中的工程老化失修、水资源短缺以及农村水利建设规模偏小等问题,并提出了一些应对办法,其中包括增加水利投入的具体办法和建立劳动积累用工制度用于兴修农田水利。1988 年国务院批转了水利部《关于依靠群众合作兴修农村水利的意见》(国发〔1988〕76号),1989 年国务院又作出了《关于大力开展农田水利基本建设的决定》(国发〔1989〕73 号),这些政策的实施使得我国灌溉事业的发展投入有所增多,但是直到 1990 年,全国的灌溉面积尚未恢复到 1980 年的水平。进入 20 世纪 90 年代,随着劳动积累工制度的建立,农村劳动力在灌溉事业发展中的投入迅速增加,截至 1996 年,相较于 1990 年,净增灌溉面积达4210 万亩。[②]

农村改革以后,在水利发展重点由建设转向管理的大背景下,我国在农田水利管理制度建设全方位推进,水利工程水费制度、水利工程管理组织制度、水资源保护与管理制度等都逐步建立起来。特别值得一提的是,水利部于 1988 年制定并颁布了《水法规体系总体规划》,它成为我国水相关法律制度建设的纲领性文件,正式开启了我国水利发展法治化的进程。

---

① 水利部农村水利司.新中国农田水利史略:1949—1998[M].北京:中国水利水电出版社,1999:17-25.

② 水利部农村水利司.新中国农田水利史略:1949—1998[M].北京:中国水利水电出版社,1999:17-25.

二、灌区管理规则体系

《灌区管理暂行办法》颁行后不久,农村人民公社解体,农业经营体制也由"三级所有,队为基础"的集体经营转为家庭联产承包经营。虽然《灌区管理暂行办法》的适用环境发生了一定的变化,不过,它依然保持了作为灌区管理基础性规则的位置,全国各类灌区都据之设置机构、健全组织、配备人员,开展灌区的各项管理工作。当然,为了适应农村经济、社会体制的变革,国家也开始逐步对灌区管理制度的一些领域进行改革。所以,目前《灌区管理暂行办法》依然有效,但是其中的部分条款已经被新的制度规则所取代。

（一）灌区管理的组织机构

农村改革以后,灌区骨干工程依然由专管机构管理,专管机构依然保持事业单位属性,但是对专管机构的运转机制提出了改革要求。1985年3月,水利电力部颁发《国家管理灌区经营管理体制的改革意见》,文件在明确灌区管理单位事业单位属性的同时,提出了"变行政管理为企业管理"的要求,指出要"把灌区管理单位逐步建成一个独立核算、自负盈亏的经济实体"。

20世纪80年代以来,基层水利队伍建设开始受到重视,1980年9月召开的全国水利厅(局)长会议提出,将公社的水利站或水利员作为县水利局的派出机构和人员,纳入国家正式编制,由水利事业费中开支或者在农田水利事业费中补助一部分,但是这一政策在实践中进展缓慢。人民公社解体以后,基层水利站建设再次受到重视,国家也开始出台政策规范其发展。1986年国务院办公厅转发的《关于听取农村水利工作座谈会汇报的会议纪要》(国办发〔1986〕50号)强调:"凡是水利工程设施较多的区、乡,原则上应有适当的机构和专门人员管理,作为县水利局的派出机构和人员。机构叫'站'还是叫'组',由各省因地制宜确定。"1986年8月,中共中央书记处农村政策研究室和水利电力部联合向各省、自治区、直辖市的党委和人民政府发出《关于加强农村水利工作的意见》,重申了建立健全基层水利服务管理体系的有关政策问题。同年 10 月,劳动人事部、水利电力部以劳人编〔1986〕253 号文件颁发了《基层水利、水土保持管理服务机构人员编制标准(试行)》,这些均为基层水利队伍建设提供了政策指导和具体依据。

区、乡(镇)一级的基层水利行政组织,有的叫水利站、水利水保站,有的称为水利水保管理服务站或服务中心。在管理体制和隶属关系方面,全国并没有一个统一的体例,有的以区、片(水系)设站,有的以乡(镇)行政区划设站;有的是县水利部门派出的事业单位,受县水利部门和乡(镇)政府的双重领导;有的则是列入乡(镇)政府的编制系列,由乡(镇)政府领导,业务上接受县水利部门的指导。截至 1996 年底,全国建成的乡(镇)水利站达 2.9 万处,共有水利员达 13.1 万人。[①] 乡镇水利(水保)站建立起来以后,除了对其辖域内的小型灌区进行管理,还兼任了原先群众性管理组织的职务,由水利站的工作人员兼任大中型灌区末级渠系的段长、斗长职务是普遍情形。

(二)农田水利工程产权制度与《中华人民共和国水法》相关规定

1983 年水利电力部颁布的《水利水电工程管理条例》(水利部〔1983〕水电水管字第 03 号)专门对水利工程的产权进行了明晰,具体来说,当时农田水利工程的产权制度主要包括以下几个方面的内容:首先,关于农田水利工程的所有权主体是依据建设投入情况来确立的,国家投资建设的农田水利工程属于国家所有,也就是全民国有,通过民办公助或社、队(农民集体)自筹资金的方式修建的农田水利工程属于各级农民集体所有;其次,关于农田水利工程的使用权主体是依据管理主体来划定的,也就是说农田水利工程的使用权交由相应的管理主体行使,更为具体地讲,国家所有的水利工程既可能交由国家设立的专门管理机构进行管理,也可能交给农民集体进行管理。农民集体所有的水利工程既可能自主管理,也可

---

① 水利部农村水利司.新中国农田水利史略:1949—1998[M].北京:中国水利水电出版社,1999:238.

能交由国家设立的专门管理机构进行管理,但总的来说,由专管机构管理的工程使用权归属专管机构,由农民集体管理的工程使用权归属农民集体,并且农田水利工程的管理不仅关涉工程本身,还需要划定保护范围。具体来说,农田水利的保护范围包含建筑物保护范围、水库管理范围、护堤地及护渠地四种类型,保护范围内的土地及地上附着物的所有权与使用权主体及其所保护的水利工程的相关产权主体相一致①。

1988 年,《中华人民共和国水法》颁行,这是我国水资源保护与管理启动法治化进程的标志。该法对水资源所有权的规定是:"水资源属于国家所有,即全民所有。农业集体经济组织所有的水塘、水库中的水,属于集体所有。"②该法还首次提出了取水许可制度和水资源费征收制度建设的内容。这些规定对灌区末级渠系管理的影响是积极的,它们在一定程度上明确了灌区末级渠系管理中相关的水权制度。

(三) 灌区用水管理

1993 年国务院颁行《取水许可证实施办法》以规范取水活动,灌区水利工程的取水活动也开始受到管制,取水许可证一方面决定了水利工程的取水资质,另一方面也对水利工程的取水总量进行了限制。不过在总量限额以内,灌溉管理单位一般都会充分满足用水单位申报的用水需求,由此,这一时期的供水体制也被称为是"以需定供"的体制。

灌区计划用水的模式在农村改革以后获得了延续,只是随着灌溉管理组织机构的变化,用水计划的制订与执行也相应发生了变化。用水计划的制订主要经过以下几个步骤:首先是村向乡镇水利站申报用水需求,乡镇水利站也要及时掌握乡镇辖域内的干旱情况,然后水利站将所辖区域的用水需求反映给相应的灌区水管单位所属的管理段(站),管理段

---

① 具体参见《水利水电工程管理条例》第四条至第八条的规定。

② 第九届全国人大常委会第二十九次会议于 2002 年 8 月 29 日修订通过《中华人民共和国水法》,将水资源所有权的条款修改为:"水资源属于国家所有。水资源的所有权由国务院代表国家行使。农村集体经济组织的水塘和由农村集体经济组织修建管理的水库中的水,归各该农村集体经济组织使用。"

(站)将这些用水需求上报给其所属的灌区水管单位,灌区水管单位将情况汇总以后形成用水计划[1],再将用水计划反馈给乡镇水利站[2]。用水计划制定以后,灌区水管单位再按计划配水,依然只是负责配水到支渠,斗渠以下的配水则由乡镇水利站及村来执行。而对于灌溉水费,灌区水管单位一般委托乡镇政府在征收农业税费的过程中代为执行。

(四) 灌区经营与管理

1. 灌溉水费制度

1985 年颁行的《水利工程水费核订、计收和管理办法》[3](以下简称《水费管理办法》)首次对农业水费进行了明确和较为具体的规定,《水费管理办法》表明农业用水户与工业及其他一切用水户相同,都应当向水管单位缴纳水费,《水费管理办法》还表明各类水费是分别核定的,具体的参考标准是供水成本、国民经济政策及当地的水资源状况。《水费管理办法》对于灌溉水费的标准也进行了分类处理,具体来说,粮食作物的灌溉水费仅参照供水成本核定,是非营利性的;经济作物的灌溉水费则可以进行略高于供水成本的标准设定,即可以是营利性的。然而在实践中各地灌溉水费的执行标准普遍低于供水成本。

虽然自 20 世纪 80 年代初,一些地方已经开始尝试计量水费模式,并且《水利工程水费核订、计收和管理办法》亦要求水利工程管理单位"按用水量计收水费",不过在灌溉水费制度的实践中,由于计量设备本身的缺乏,灌溉水费的实际计收模式相对灵活。农村改革初期,灌溉水费的征收一般采取随粮代征的形式,即由乡镇在收取农业税费时一同收缴,再转交给灌区水管单位。

2. 水利工程多种经营政策

20 世纪 80 年代,鼓励水利工程开展多种经营逐步成为我国灌区管

---

① 也可以说是"供水计划"。

② 陈宝峰.农田灌溉管理体制的改革[J].中国农业大学学报,1999(4):23-27.

③ 本法规已被国务院 2003 年 5 月发布的《关于废止〈水利工程水费核订、计收和管理办法〉的批复》宣布失效。

理体制改革的一项基本内容。1981 年的《灌区管理暂行办法》即提出了"应利用灌区的水土资源，因地制宜开展多种经营"，1983 年的《水利水电工程管理条例》对水利工程的产权进行了明晰，这为水利工程的管理主体开展多种经营提供了产权基础，而 1985 年水利电力部颁发《国家管理灌区经营管理体制的改革意见》则明确提出了搞活灌区经济的改革要求，并将灌区经济改革的路径总结为"两个支柱，一把钥匙"，其中"两个支柱"就是水费改革和综合经营，"一把钥匙"就是建立健全经济责任制。同年 5 月，国务院批转水利电力部《关于改革水利工程管理体制和开展综合经营问题的报告》，要求将水利工程管理体制改革和开展综合经营在全国大、中、小型水利工程管理单位中全面展开。需要说明的是，鼓励水利工程管理主体（单位）开展多种经营并不涉及管理主体性质的变更，灌区水管单位依然是事业单位属性，多种经营的收入利用需要在水管单位的财务制度下实施，总体性的要求是"实现管理经费自给并有余，要不断增加积累，为改善灌区工程、扩大效益作出贡献。"①

3．"两工"制度②

对于灌区管理而言，水费和多种经营的收入构成了灌区运转的重要经费来源，而劳动积累工与劳动义务工对水利工程建设和维修的投入则是为维持灌区运转而创设的另一套灌区管理的权利义务体系。

农村改革以后，一度不再动员人民群众兴修水利，造成了我国农田水利投入在总体上的锐减，从而直接导致了 20 世纪 80 年代我国灌溉面积的减少。为解决这一问题，20 世纪 80 年代末，政府再次提出依靠群众合作兴修农村水利的政策倡导，并建立了农村水利劳动积累工制度，具体的政策制度规范是 1988 年国务院批转的水利部《关于依靠群众合作兴修农村水利的意见》（国发〔1988〕76 号）。该意见明确了农村水利劳动积累工的应用范围，并确立了水利劳动积累工的分担原则。具体来说，农村水利

---

① 《灌区管理暂行办法》第三十六条的规定。

② 即劳动义务工与劳动积累工制度。

劳动积累工主要用于县、乡、村范围内的小型农田水利工程的兴建及对已建成工程进行的维修、更新和改造,还包括流域面积 30 平方公里以下的小河流整治。该意见还表明,劳动积累工按照"谁受益,谁负担"的原则分摊用工,相应的农田水利工程建设应主要由受益区的劳动力完成,这与人民公社体制时期的劳动力投入农田水利建设时的平调制度相比,已经发生了根本的改变。①

除了劳动积累工,劳动义务工也涉及农田水利发展制度的内容,一般总体上将这二者简称为"两工"制度。虽然"两工"制度对农田水利的发展具有重大意义,但是也应当防止其带来农民负担的加重,所以 1991 年国务院出台的《农民承担费用和劳务管理条例》(国务院令〔1991〕92 号)对"两工"制度进行了专门的规范。《农民承担费用和劳务管理条例》主要包含了四个方面的内容。首先是关于"两工"制度用途的规定,农村义务工主要用于植树造林、防汛、公路建设等,劳动积累工主要用于农田水利基本建设和植树造林。其次是关于用工数量的限定,劳动义务工的用工数量是每年每个劳动力承担 5～10 个义务工,劳动积累工的用工数量是每年每个劳动力承担 10～20 个积累工,但是根据实际需要,"两工"的数量均有可能进行调整。再次是关于用工制度实施的基本原则的规定,"两工"制度的执行要求以出劳为主,农户需要以资代劳的,须经农村集体经济组织批准方可实施。而对于确实无力承担"两工"的农户,比如因病无力承担或者残疾户,经过农村集体经济组织讨论可对之实施减免。最后,"两工"制度的执行过程大体是"由乡人民政府向村集体经济组织提出用工计划,经乡人民代表大会审议通过后执行,年终由村集体经济组织张榜公布用工情况,接受群众监督。"②

三、灌区末级渠系管理制度

在农村双层经营体制时期,灌区末级渠系的管理制度也发生了一定

---

① 具体参见《关于依靠群众合作兴修农村水利的意见》的相关规定。
② 具体参见《农民承担费用和劳务管理条例》第十条至第二十一条的规定。

的变化,其中最重要的是两个方面的变化:一是农村人民公社体制时期,归属各集体管理的渠段中,部分转为乡镇管理,部分转为农村集体经济组织管理;二是农村改革以后,随着农业经营制度的变革,农渠及以下田间工程的管理成为一个新的问题。

(一) 水利站管理灌区斗渠(包含部分支渠)

农村实施以家庭联产承包责任制为主、统分结合的双层经营体制以后,原先由公社集体管理的斗渠(包含部分支渠)渠段转由乡镇管理,乡镇则安排乡镇水利(水保)站实施具体的管理工作。关于水利(水保)站的体制定位,在20世纪90年代初期经历了波动性的调整。大多数地区的水利(水保)站都是按照国发办〔1986〕50号文件的精神建立的,也就是说水利(水保)站要求结合当地的具体实际组建,建成的水利(水保)站受县(区)水利局与所在乡(镇)政府的双重领导。具体来说,水利(水保)站工作人员的编制、业务、经费均由县(区)水利局负责管理;水利(水保)站工作人员的组织关系、户口粮油关系则由相应的乡(镇)政府负责,人事关系调整主要由水利局进行,但是也需要征求乡镇政府的意见。然而1991年党的十三届八中全会《中共中央关于进一步加强农业和农村工作的决定》(以下简称《决定》)主张将类似这样的双重领导机构下放,单纯归属乡镇管理。如此,有一些地方在贯彻落实十三届八中全会《决定》时将水利(水保)站也下放到乡镇管理,但是这带来了一系列的问题。针对出现的问题,国务院办公厅于1992年6月立即发函表明,水利(水保)站的隶属关系依然参照国办发〔1986〕50号文件精神执行,水利(水保)站依然维持其接受双重领导的体制格局。

水利(水保)站主要是执行斗渠(包含部分支渠)的配水事务:一方面,水利站要协调斗渠(包含部分支渠)渠段用水主体的取水顺序;另一方面,相关渠段配水事务需要派遣劳动力维持秩序的,一般由受益的村组自行负担,而在灌溉水费制度建立起来以后,村组派遣劳动力在渠段守水的积极性是很高的。

相关渠段的管理养护成本,一方面通过乡镇财政负担一部分,另一方面则通过"两工"制度来负担。

由此可见,农村双层经营体制时期,原先由公社集体管理的末级渠段转由乡镇管理,成立了行政主体管理末级渠段的体制。

(二) 村级集体经济组织管理斗渠(包含部分支渠)

农村双层经营体制时期,原先由生产大队管理的斗渠(包含部分支渠)渠段转由村级集体经济组织管理。村级集体经济组织在管理灌区末级渠系过程中,具体的管理事务依然是渠段配水与渠系工程的管护,与乡镇管理末级渠系具有相似性。但是,村级集体经济组织与乡镇管理末级渠系在性质上是有区别的,乡镇是一级政府组织,而村级集体经济组织只是一个地区性合作经济组织,属于自治性团体。

村级集体经济组织对灌区末级渠系的管理,在配水事务上体现出自治的特征。村级集体经济组织可以根据各村民小组干旱情况的不同,决定渠段上下游村民小组的取水顺序。村级集体经济组织对灌区末级渠系配水事务的执行,能够获得灌区水管单位和乡镇水利(水保)站的指导,这些指导主要是技术层面的,在最为关键的配水顺序问题上依然是村集体自主协商的结果。

另一方面,村级集体经济组织对灌区末级渠系的管理,在管理成本的负担上是自支的。原则上,村级集体经济组织可以利用集体经济收入支付这部分的开支,但是在实践中大多数村庄的集体经济收入很少,甚至几乎没有集体经济收入。不过,"两工"制度建立起来以后,村庄也可以组织劳力投入末级渠系的维修养护。但是,灌区末级渠系管理如果没有足够的集体经济收入作为支撑,还可以由受益人分担。依据《农民承担费用和劳务管理条例》设立的"三提五统"制度中,由村级提留的"公积金"就主要"用于农田水利基本建设、植树造林、购置生产性固定资产和兴办集体企业"。虽然相关费用征收的过程在当时是以行政权力为依托的,因为是与农业税一同收缴的,这些费用的收缴很多的时候甚至是通过行政强制执行的方式完成的，但是从本质上讲，由村级集体经济组织开展的灌溉管理属于社会团体自治的范畴。

（三）农渠及以下田间工程的管理

农村集体经营体制时期，生产队是基本的耕种单元，是农业生产的基本核算单元。而斗渠以下还有农渠、毛渠以及其他配套工程，根据农田水利工程的布置原理，农渠控制的灌溉面积相对较小，在北方平原地区，农渠的控制面积大约是一个生产队耕种的面积，而在南方丘陵、山区灌区，农渠控制的灌溉面积更小，一个生产队的耕种面积常常是由几条农渠共同控制的。所以，在农业集体化经营时期，农渠及以下工程的管理并不属于灌区管理的范畴，斗渠完成配水任务以后，灌区提供的灌溉服务相当于已经完成，农渠及以下田间工程的管理属于生产队农业生产的具体事务。但是，农村改革以后，农业生产主要是家庭经营，农渠及以下的田间工程均转化为村民小组的公共工程，灌区管理的工作从实质意义上来说是需要进一步延伸的。

但是，可以看到，农村改革以后，我国的灌区管理在制度设计上并没有向农渠及以下的田间工程延伸，而另一方面，我国试图通过农业经营体制的设计来解决农渠及以下田间工程的管理问题。农村改革以后，我国实施的是"以家庭联产承包责任制为主、统分结合的双层经营体制"，在这一农业经营体制下，农渠及以下田间工程的管理即归属于双层经营体制的"统"的层面，即这些田间工程的管理作为"一家一户办不好或不好办的事"由集体统一经营。①

具体来说，由集体开展统一经营的方式进行农渠及以下田间工程的管理主要包含以下几个方面的内容：首先，这里的集体一般指的是村民小组集体；其次，所谓集体统一经营，指的是田间灌溉事务，由村民小组集体统一布置实施，不需要村民开展个体化的行动；最后，由集体统一负责的

---

① 张路雄.耕者有其田——中国耕地制度的现实与逻辑[M].北京：中国政法大学出版社，2012：104-106.

灌溉管理的成本一般均摊在受益的土地面积上,由农户根据承包经营的土地面积分担。

四、自主管理灌排区的管理制度

本书已经在第一章阐明了经济自立灌排区模式引入我国后,根据在我国发展的实际情况调整为"自主管理灌排区"的过程。本节将呈现在农村双层经营体制时期,我国的自主管理灌排区末级渠系管理的组织体制以及在该组织体制下末级渠系的管理机制。

(一) 自主管理灌排区的基本内涵与组织框架

由于我国并未专门就自主管理灌排区制定制度规范,本书参照一般的学术讨论对自主管理灌排区的基本内涵进行阐释,同时补充自主管理灌排区在我国发展的实际状况的相关内容。在我国开展的自主管理灌排区建设的主要内容是:在明确的水利界限条件下,将原先的计划经济体制下的灌溉排水区的管理体制和运行机制,改为市场经济体制下的管理体制和运行机制,通过灌区运行主体的自主管理、独立核算和用水户参与,逐步增强灌区的自我维持能力,并最终实现灌溉排水的良性运转。[1] 自主管理灌排区建设主要是强调两点:一是用水户的参与,二是水价改革。自主管理灌排区的基本架构主要包括两个部分:一端是渠首的供水公司或供水单位,另一端是对支渠以下田间配水渠系进行管理的农民用水户协会。供水公司依据供用水合同的约定向用水户协会供水,它一般在取水口进行计量;用水户协会则根据取水量向供水主体提交水费。[2] 在我国自主管理灌排区建设的实践中,用水户协会的组建是考察建设状况最关键的指标,而水价改革的内容在 20 世纪 90 年代中期的自主管理灌排区建设中表现得并不明显,此外,对于供水主体的市场化改革在当时也是

---

[1]　内蒙古农民用水户协会建立、运行和管理问题研究课题组. 农民用水户协会形成及运行机理研究:基于内蒙古世行 WUA 项目的分析[M]. 北京:经济科学出版社,2010:48.

[2]　丁平,李崇光,李瑾. 我国灌溉用水管理体制改革及发展趋势[J]. 中国农村水利水电, 2006(4):18-20.

慎重的,在我国最早的两个自主管理灌排区中①,也只有湖南省的铁山灌区组建了供水公司。

实际上,我国自主管理灌排区的组织框架比上述概括要复杂一些,其复杂性主要表现在规模较大的农民用水户协会下设用水小组。具体来说,自主管理灌排区的组织机构主要包含供水机构、用水户协会、用水组和用水户,自主管理灌排区的组织框架如图 2-2 所示。

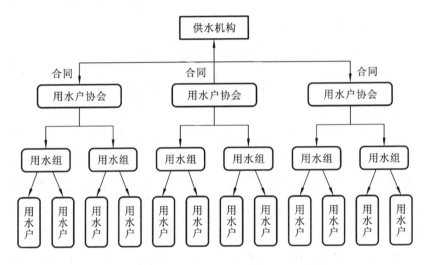

图 2-2 典型的自主管理灌排区的组织框架②

1. 供水机构

供水机构是灌区灌溉服务的提供主体,它主要包含两种类型:一种是供水单位,属于非营利性质,按事业单位运行,但实行独立经费,独立核算;另一种是供水公司,它是根据《中华人民共和国公司法》,通过合法审批手续而成立的,供水公司按企业单位运行,自负盈亏。③ 不论是供水单

---

① 20 世纪 90 年代中期,最先成立的两个自主管理灌排区是湖南省的铁山灌区和湖北省的漳河水库灌区。

② 内蒙古农民用水户协会建立、运行和管理问题研究课题组.农民用水户协会形成及运行机理研究:基于内蒙古世行 WUA 项目的分析[M].北京:经济科学出版社,2010:48.

③ 内蒙古农民用水户协会建立、运行和管理问题研究课题组.农民用水户协会形成及运行机理研究:基于内蒙古世行 WUA 项目的分析[M].北京:经济科学出版社,2010:48.

位还是供水公司,它们与用水户协会之间均形成供用水合同关系。

2. 农民用水户协会与用水组

按照一般的定义,农民用水户协会是指按照灌溉渠系划分区域,由同一区域内的用水户共同参与组成的具有法人地位的民间组织或社团组织,它是农民自己的管水组织。农民用水户协会一般需要在当地民政部门登记注册,注册后的农民用水户协会具有独立法人资格,实行独立核算,逐渐实现自负盈亏,经济自立。农民用水户协会拥有自己的章程,并严格按照章程实施灌溉管理事务。

在我国的灌区管理中,灌区水管单位只负责支渠及以上工程的管理,所以农民用水户协会一般以斗渠为单位组建,但是也有少数以支渠为单位组建的农民用水户协会,在后一种情况中,支渠在灌溉系统中发挥的实际作用与斗渠相同。但是斗渠、支渠一般控制的灌溉面积较大,在北方平原的一些大型自流灌区,斗渠的控制面积可达 3000～5000 亩;虽然南方山区、丘陵地区斗渠的控制面积要相对小一些,但是涉及的用水农户的数量也相对庞大。这意味着直接将这些农户组织起来是比较困难的,因而,在用水户协会以下依据农渠等要素成立用水组具有普遍需求。

通过实地调研了解到,自主管理灌排区的实践模式表现为多种制度相容的结果。以笔者对漳河水库灌区洪庙支渠农民用水户协会、吕岗农民用水户协会、仓库支渠农民用水户(者)协会等多个协会的考察来看,用水户协会下设的用水组实际上与村民小组是重合的。在这些自主管理灌排区,农民用水户协会实际上只是负责斗渠或者支渠渠段的管理,农渠及以下的田间工程依然在农业经营体制的范畴内由村民小组自主管理。

（二）自主管理灌排区的末级渠系管理

通过上文的阐述已经可以了解到,20 世纪 90 年代中期推行的自主管理灌排区,在末级渠系的管理上实施农民用水户协会自主管理模式。而通过对漳河水库灌区若干农民用水户协会的考察表明,农村税费改革以前成立的农民用水户协会主要是解决了原先由乡镇政府或者村级集体经济组织管理的斗渠或者支渠渠段的管理,村民小组自主管理农渠及以下工程的模式没有发生变化。

农民用水户协会管理支渠、斗渠最核心的制度设计是终端水价制度。终端水价的制度设计,将支渠、斗渠渠段管理的成本分摊在水量上,作为取水主体的村民小组根据用水量承担支渠、斗渠的管理成本。具体来说,支渠、斗渠渠段的管理成本一般包含工作人员劳务支出、渠系维修及养护成本、渠段配水水量损耗成本等几个方面。

农民用水户协会成立以后,由农民用水户协会向灌区水管单位申报取水计划,也由农民用水户协会向灌区水管单位缴纳水费。自主管理灌排区的制度设计表明,整个灌溉过程一般不需要经过乡镇行政体系,不过在实践中,乡镇水利站一般也参与支渠、斗渠渠段的配水事务。

农民用水户协会成立以后,在实施配水的过程中也不再需要村民小组组织劳力到渠段上守水。相关渠段的配水过程完全由协会实施,协会可以雇请劳动力负责守水,雇佣的成本成为终端水价中的一个要素。

农民用水户协会一般都有健全的组织机构(部门)设置,并制定有协会章程。协会参照章程实施灌溉管理,财务要求进行公示,接受群众监督。

值得一提的是,在20世纪90年代中期建成的自主管理灌排区中,农民用水户协会对灌区末级渠系的管理并不以渠段及相关工程的所有权为基础。笔者在对沙洋县漳河水库灌区的农民用水户协会考察的过程中了解到,仅有少数的协会取得了渠段及相关配套工程的所有权,大多数协会仅仅是相关工程的使用权主体,而这并没有影响到这些渠段的管理。

第三节　农村新双层经营体制时期农田水利治理制度

以1998年十五届三中全会决议为标志,我国农村的双层经营体制进入了一个新的发展阶段,该决议第一次用了"家庭承包经营权为基础、统分结合的双层经营体制"的提法,改变了以前的提法——"家庭联产承包为主的责任制"[①],自此,生产责任制已由多种形式转变成为唯一形式。1999 年"家庭承包经营权为基础、统分结合的双层经营体制"作为我国农村的基本经营制度被写进《中华人民共和国宪法》,然而,集体经济这个农村双层经营体制中"统"的层面在实践中已不再被重视,此后,随着农地制度物权化方向的演进以及农村税费改革相关制度的实施,原先由集体经济组织来统筹实施村庄内部共同生产事务的形式已经基本上不复存在。一方面农村集体经济组织开始难以在农业的大生产中发挥作用,另一方面农业发展政策开始转向强调农业社会化服务体系建设,并特别强调农民合作组织的发展,农民合作组织与农户家庭承包经营被称为是新型的农业双层经营体制[②]。虽然在制度上依然使用"双层经营体制"的表述,但很显然,农村双层经营体制的内涵已经发生了根本的变革,本书因此使用"农村新双层经营体制时期"对之进行区分性的表述。农村新双层经营体制时期伴随大量的农田水利发展制度改革,其中灌区末级渠系的治理制度也发生了很大程度的变化。

一、农田水利的发展

进入 21 世纪以来,我国水利事业发展获得稳步推进,这种推进具体表现在三个方面。首先,相关制度改革继续深入,比如 2002 年国务院出台的《水利工程管理体制改革实施意见》,次年出台的《水利工程供水价格管理办法》,这些法规都进一步推动了灌溉管理向市场化方向的迈进。其次,水利发展的制度体系正在逐步建立。2006 年,在水利部再次对 1988年制定的《水法规体系总体规划》进行修订后,《水土保持法》《水污染防治

---

① 张路雄. 耕者有其田——中国耕地制度的现实与逻辑[M]. 北京:中国政法大学出版社,2012:117-118.

② 黄祖辉. 中国农民合作组织发展的若干理论与实践问题[J]. 中国农村经济,2008(11):4-26.

法》随即修订出台，又新增行政法规及部门规章 10 多部，2011 年中央一号文件《中共中央国务院关于加快水利改革发展的决定》提出了到 2020 年"基本建成有利于水利科学发展的制度体系"的发展目标，为响应该《决定》的号召，水利部于 2013 年再次修订《水法规体系总体规划》（水政法〔2013〕28 号），以作为我国水利制度建设的顶层设计，可以说我国水利发展的制度体系正在逐步形成。最后，水利投资稳步增加，仅"十一五"期间即实现了 1949 年以来历次五年计划、规划中最大规模的水利投资，"十一五"期间全国共完成水利建设投资超过 7000 亿元，"十二五"期间国家进一步加大了对水利建设的投入，这些投入对我国水利工程设施系统的改善发挥了巨大作用。

二、灌区管理规则体系

农村新双层经营体制时期，水利工程的管理体制、小型农田水利工程的产权制度、农田水利建设投入制度等方面都在进行改革与新的制度建设，我国的农田水利发展进入了一个全新的时期。经过多年的改革探索，2016 年 4 月 27 日，国务院第 131 次常务会议审议通过了《农田水利条例》。《农田水利条例》自 2016 年 7 月 1 日起实施，它对农田水利的规划、建设、管理等进行了系统性的规范，是我国农田水利治理的基础法律依据。本部分将结合《农田水利条例》和相关的制度、政策规范对灌区管理的规则体系进行阐释。

（一）水利工程管理体制改革与水费制度改革

2002 年，国务院颁发的《水利工程管理体制改革实施意见》要求对水管单位进行分类，标准是水管单位承担的任务和收益状况，据此将水管单位分为纯公益性、准公益性和经营性三种类型，性质不同，管理体制自然不同。其中纯公益性水管单位指的是"承担防洪、排涝等水利工程管理运行维护任务的水管单位"，这类水管单位被定性为事业单位。有的农田水利工程既需要承担防洪、排涝等公益性职能，同时自身又具备供水、水力发电等经营性功能，针对这种类型的水利工程建设管理、维护的水管单位,是准公益性水管单位。准公益性的水管单位再依据其经济能力进行单位性质区分:具备自收自支能力的,定性为企业;反之,则定性为事业单位。而经营性的水管单位指的是"承担城市供水、水力发电等水利工程管理运行维护任务的水管单位",这类水利工程具备极强的经营能力,对它进行管理的水管单位被定性为企业。根据这一分类标准,灌区水管单位一般属于准公益性水管单位,由于农业供水的收益比较低,灌区水管单位难以实现自收自支,因而其依然是事业单位性质。

2003 年《水利工程供水价格管理办法》的颁行,将水利工程的供水价格定义为"供水经营者通过拦、蓄、引、提等水利工程设施销售给用户的天然水价格",并明确了水利工程水价的构成部分,即供水生产成本、费用、利润及税金。从 1985 年的《水利工程水费核订、计收和管理办法》到2003 年的《水利工程供水价格管理办法》,关键词由"水费"变为"水价",虽然只有一字之差,但是其含义却是天壤之别。以灌溉领域的用水为例,在"水费"制度时期,灌溉服务的供给主体与用水主体之间是行政法律关系,在这一法律关系中,灌区水管单位向用水户"征收水费"构成了法律关系的基本内容;在"水价"制度时期,灌溉服务的供给主体与用水主体之间是民事法律关系,二者之间成立供用水合同关系,灌区的用水主体向水管单位提交水费是这一民事法律关系的基本内容构成。

(二)小型农田水利工程管理体制改革

当前我国正处于小型农田水利工程运行管理制度建设时期,2003年,水利部印发了《小型农村水利工程管理体制改革实施意见》(以下简称《小农水改革意见》)(水农〔2003〕603 号),提出的目标是"力争在 3 至 5年内全面完成现有小型农村水利工程的管理体制改革",但是该目标显然并未如期实现。2013 年,水利部、财政部联合印发了《关于深化小型水利工程管理体制改革的指导意见》(以下简称《深化小农水改革意见》)(水建管〔2013〕169 号),提出了新的改革发展目标,及"到 2020 年,基本扭转小型水利工程管理体制机制不健全的局面,建立适应我国国情、水情与农村经济社会发展要求的小型水利工程管理体制和良性运行机制"。总体来说,改革我国小型农田水利工程运行管理制度主要包括以下几个方面的内容。

首先,是小型农田水利工程产权制度改革。根据《深化小农水改革意见》的要求,小型农田水利工程应当依据"谁投资、谁所有、谁受益、谁负担"的基本原则确立产权归属,确权以后还需要为相应的产权所有人颁发产权证书。"谁投资、谁所有、谁受益、谁负担"实际上就是依据农田水利工程的建设投入情况来确立其产权归属,具体来说,个人投资兴建的工程,产权归个人所有;社会资本投资兴建的工程,产权归投资者(市场主体)所有;受益户共同出资建设,则建成的工程产权共有;农村集体经济组织投入工程建设,也可以获得相应的产权;国家投资为主的工程,水利工程的产权原则上归国家所有,但是国家也可以对这部分工程的产权进行新的配置。明晰工程所有权的改革,其根本目标还是要通过产权制度设计来吸引更多的资金投入农田水利建设领域。

其次,是水利工程管理的市场化及水利工程的多种经营。《深化小农水改革意见》表明,小型水利工程的运行管理,在确保工程安全、公益属性及生态保护的前提下,是可以委托给市场主体进行的,具体的方式包括承包、租赁、拍卖、股份合作和委托管理等。《深化小农水改革意见》还鼓励小型农田水利工程实施多种经营,但是也明确表示这些经营活动应当服从防汛指挥调度及其他非常情况下的水资源调度。

最后,是小型农田水利工程供水经营制度。小型农田水利工程的产权确立以后,对于非自用的水利工程还涉及经营制度规范。2003年的《小农水改革意见》要求非自用工程的供水价格应当以《水利工程供水价格管理办法》为依据,充分考虑供水成本和用户承受能力,在当地政府的指导与监督下,由供需主体双方在物价主管部门和水行政主管部门确定的指导价幅度内协商定价。

(三) 农民用水合作组织建设

自 2002 年国务院发布的《水利工程管理体制改革实施意见》提出"积

极培育农民用水合作组织","探索建立以各种形式农村用水合作组织为主的管理体制"的要求以来,农民用水合作组织建设即成为了我国水利发展改革的重要内容。为指导农民用水合作组织建设,2005年,水利部、国家发改委和民政部联合出台了《关于加强农民用水户协会建设的意见》(以下简称《用水户协会建设意见》),该文件对用水户协会的职责与任务、组建程序、运行和能力建设等进行了规定。

《用水户协会建设意见》对农民用水户协会的定义是:"农民用水户协会是经过民主协商、经大多数用水户同意并组建的不以营利为目的的社会团体,是农民自己的组织,其主体是受益农户。"关于农民用水户协会的职责与任务,总的来说,就是要"为当地农户提供公平、优质、高效的灌排服务"。具体而言,一方面用水户协会要建好和管好其管理范围内的农田水利工程设施,另一方面它还要合理、高效利用水资源,不断去提升灌溉用水的利用效率及效益。

关于用水户协会的组建,最为关键的问题是要明确其灌溉管理的边界。用水户协会灌溉管理边界划定的基本原则是"便于用水合理调配,统一组织工程维护,提高水的利用效率和效益"。具体来说,农民用水户协会的组建既要参考水系、渠系,还要参考行政区划,最终由地方政府、村民委员会、灌区水管单位及用水户代表共同协商来确立协会的灌溉边界。用水户协会组建的这些原则及规则,都是为了实现其灌溉管理的低成本与高效率。《用水户协会建设意见》还要求农民用水户协会到县一级的民政部门进行登记,其登记条件及程序参照民政部《关于加强农村专业经济协会培育发展和登记管理工作的指导意见》等文件的相关规定执行。

在农田水利工程的产权配置上,《用水户协会建设意见》表明:"农民用水户协会在国家法律和协会章程规定范围内,享有其管理的灌排设施所有权、经营权和管理权。"对于农民用水户协会拥有产权的农田水利工程,协会既可以采取直接由协会集体管理的方式,也可以采取通过承包等方式交由个人或其他主体管理。

农民用水户协会与相关主体之间的法律关系主要包括两个方面的内容。首先是农民用水户协会与灌区水管单位之间的关系。在农田水利工程的建设与管理中，二者是相互合作的关系；在灌区供用水事务中，二者是供用水合同主体双方的关系。其次是农民用水户协会与水行政主管部门等相关行政主体之间的关系。协会遵守水行政主管部门及社会团体管理机关的政策指导，协会接受灌区水管单位的业务指导，在另外的层面，协会要监督相关行政主体开展灌区建设和管理活动，并参与相关的水事活动。

农民用水户协会运转的目标是要实现灌溉管理的"民主、公开、有效、规范"。《用水户协会建设意见》表明，协会的涉水事务、财务及人员状况均需要公开透明。协会涉及的水费标准、用水量、水费收入及支出均需要进行公示，接受用水户的监督。《用水户协会建设意见》还要求较大规模的农民用水户协会建立监事会，专门行使监督职能。

2014年水利部、国家发改委、民政部等联合发布《关于鼓励和支持农民用水合作组织创新发展的指导意见》(水农〔2014〕256号)，这个文件的发布旨在发展农民用水户协会的基础上，扩展农民用水合作组织的类型。该文件表明，除了从事农业生产的农户家庭以外，新型农业经营主体也可以依据相应的政策制度规范组建用水合作组织。该文件还表明，除了农民用水户协会的用水合作组织类型外，农民用水合作组织的类型还包括"业务范围包含灌溉排水、抗旱排涝等农田水利建设、管护及涉农用水服务的农民专业合作社(农民专业合作社法人)"。

(四) 灌区管理模式总结

参照上述制度规范，当前的灌区管理模式可以用"三个层次，两组关联关系"来概括其基本的内涵。

首先，"三个层次"指的是灌区管理基本上由三个层次的管理构成：灌区骨干工程、公共配水渠段以及其他田间工程。灌区骨干工程还是由事业单位属性的灌区水管单位管理，但是灌溉供水转变成为经营性质。公共配水渠段鼓励组建农民用水合作组织进行管理。其他田间工程则归属广义的"用水户"管理,这是由当前小型农田水利工程产权制度所决定的,公共配水渠段以下的田间工程由于产权主体的多种可能性以及作为灌溉渠系的最末端,其管理主体是多种类型的"用水户",既包括个体农户、农户联合组织,也包括村组集体经济组织等。

其次,"两组关联关系"指的是上述三个层次的管理结构中管理主体之间构成的关联关系:骨干工程管理与公共配水渠段管理主体之间的关系、公共配水渠段管理与其他田间工程管理主体之间的关系。由于灌溉供水转变成为经营性质,灌区水管单位与农民用水合作组织之间构成供用水合同关系,二者是供用水合同的法律主体双方。农民用水合作组织与广义上的用水户之间的关系则根据用水合作组织性质的不同来进行区分,如果是协会性质的用水合作组织,则该组织与用水户之间的关系是自治性组织及其成员之间的关系,协会组织通过自治性权力对其成员进行约束;如果是合作社性质的用水合作组织,该组织与用水户之间的关系是合作社与其成员之间的关系,二者之间通过市场化的契约达成权利义务关联。

三、灌区末级渠系管理制度

农村新双层经营体制时期,针对灌区末级渠系的管理,制度上不再确立单一的或者说具体的管理组织,政策只是一方面要求行政主体退出这一管理领域,另一方面鼓励社会、市场主体进入该管理领域,外加上这一时期灌区末级渠系管理的工程范围扩展,各类工程由不同的社会或市场主体管理,最终形成了灌区末级渠系多元管理主体协同管理的局面,也即形成了灌区末级渠系管理的多元混合组织体制。

灌区末级渠系管理的多元混合组织体制具有三个方面的特征。首先,多元混合组织体制中所谓的"多元",指的是管理组织既包含社会性的组织,也包含市场型主体,但是行政主体则被要求退出这一管理领域。其次，多元混合组织体制中所谓的"混合"，指的是管理的组织结构系统可能是社会组织与市场主体的结合，也可能是社会组织之间的结合，还可能是市场主体之间的结合，并且各主体间更多层次的结合也是可能的。最后，虽然行政主体被要求退出这一管理领域，但这并不意味着国家退出了对灌区末级渠系的治理，国家的参与对于灌区末级渠系的发展具有基础性的意义。现阶段国家主要在以下几个方面参与灌区末级渠系治理：一方面是灌区末级渠系建设，国家财政投入是渠系建设的基础，现阶段通过国家投入进行的末级渠系建设，最终都依据小型农田水利产权制度改革的要求确权给了相关的利用主体；另一方面是地方的水利事业单位依然要为灌区末级渠系的管理提供技术指导与支持。

在这种多元混合的管理组织结构下，灌区末级渠系的管理具有以下特征。

首先，灌区末级渠系管理的工程范围有所扩张。农业集体化生产时期，农渠及以下田间工程的管理属于生产队生产事务的范畴，因为灌区末级渠系的管理一般仅仅指代斗渠，包含部分支渠的管理。农村改革初期，农渠及以下田间工程的管理归农村集体经济组织负责，灌区末级渠系的管理制度规约的范围与农业集体化生产时期相同。进入 21 世纪以来，农村双层经营体制不再关注农渠及以下田间工程的管理，这些田间水利工程被纳入小型农田水利的建设与管理范畴，实质上相当于灌区管理范围的扩张，即灌区管理范围扩展到了农渠及以下田间工程。

其次，灌区末级渠系的管理制度规范以工程产权和管护责任为主要内容，关于末级渠系的用水管理在制度规范上少有体现。因此，在灌溉管理的实践中，相当于用工程管理的内容涵盖了灌溉管理的内容，比如水利工程的产权主体，在整体的灌区用水管理中相当于"取水单位"或者"用水主体"，再根据水利工程产权主体的性质，确立灌溉用水下一步的配置或者利用。

最后，管理机制上体现出市场化、社会化的特征。农村新双层经营体制时期,通过小型农田水利管理体制改革和鼓励组建农民用水合作组织开展灌溉管理,灌区末级渠系的管理迅速向市场化和社会化方向转型。其中鼓励小型农田水利工程(包含灌区末级渠系工程)通过承包、租赁、拍卖经营权的方式进行管理,是灌区末级渠系管理市场化的典型表现。而鼓励组建农民用水户协会等用水合作组织,则是为了减少原先行政主体对灌区管理的介入,提升灌区管理的社会化水平。

第三章 农田水利治理的现状与问题
——基于对沙洋县灌区的考察

　　农田水利的市场化、社会化改革并未达到预期的效果，不仅灌区末级渠系陷入了治理困境，也进一步带来了灌溉发展的整体困境。改革未达到预期的效果，是由于改革推进得不够，还是由于改革措施本身的"水土不服"？

本章将通过对一个典型县农田水利发展状况的考察,总结我国灌区末级渠系治理的问题所在。沙洋县农田水利的发展具有典型性和代表性:一方面,沙洋县大部为丘陵地形,而目前山区、丘陵地区的耕地面积占全国总耕地面积的近50%,这一方面意味着沙洋县的丘陵山区灌区类型是我国最主要的一种灌区类型;另一方面,沙洋县耕地的经营状况依然保持着农户耕种小规模土地的特征,而这是全国的普遍状况;最后一方面,沙洋县是普通的中西部农业县,在经济与社会基础条件上具有一般性特征。

第一节　沙洋县农田水利发展情况

一、沙洋县概况

沙洋县,地处鄂中腹地,汉江下游,江汉平原中部偏西。沙洋县现辖13个乡镇,共有249个村民委员会和29个居民委员会。沙洋县辖区面积为2044平方公里,耕地面积为6.23万公顷,全县人口为62.23万人。

沙洋县境内地势南高北低,总体较平坦,微向东南倾斜。受荆山余脉尾部影响,形成低山区、丘陵岗地区、平原湖区3种类型,以岗坡地类型为主。低山区在东北部,面积有4平方千米,约占总面积的0.2%,该区主要为矿产资源开发区;丘陵岗地区在西北部,总面积为1486平方千米,占总面积的72.7%,该区土地肥沃,是境内水稻集中产地和主要商品粮基地;平原湖区在东南部,总面积为554平方千米,占总面积的27.1%,主要种植棉花和小麦。

沙洋县属亚热带季风气候区,雨量充沛,气候适中。年均降雨量为1025.6毫米,雨量多集中在4月—8月,7月最多,1月和12月最少。四季降水中,春季占30%、夏季占41%、秋季占21%、冬季占8%。最大降水量为1550毫米(1980年),最少降水量为667毫米(1966年)。因降水的年际分布大，时间上分布不均，降水的直接利用率不高，仅为年降水量的 20.5%～25.5%。

沙洋县主要气象灾害为干旱、暴雨和寒潮，农业生产主要受干旱威胁。受季风气候影响，沙洋县主要雨季在 6 月—7 月，俗称梅雨期，这时大量冷暖气流交汇于汉江中下游地区，造成大范围降雨。若梅雨期过长，连降暴雨，加之汉江上游来水，就会形成"外洪内涝"的现象；若梅雨期短或出现"空梅"现象，加之高温蒸发，江河不涨，则会出现旱灾。因此，沙洋县具有外洪内涝、雨洪同期、水旱灾害交替出现的特点。

沙洋县地表水资源主要由降水补给，全县多年平均径流为 280 毫米，径流量为 5.16 亿立方米；地下水资源总量为 5.4 亿立方米，扣除重复计算的 2.06 亿立方米，多年平均地下水资源量为 3.34 亿立方米；全县水资源总量为 8.5 亿立方米，产水模数①为 $41.58×10^4 m^3 /km^2$，产水系数②为 0.42。

二、沙洋县农田水利建设的历史与成就

1949 年之后，沙洋县坚持"以旱为主，旱洪涝兼治"的原则来治理水利。1950—1957 年，沙洋县复修了旧社会遗留下来的小型农田水利工程，兴建了 5 座小型水库和第一个抽水站。1958—1966 年，参与建设漳河水库枢纽和渠系工程，奠定了沙洋县的水利工程基础，同期修建了 7 座小型水库及一批抽水站。1967—1976 年，修建了 7 座中型水库、43 座小型水库，并兴建了一系列涵洞，完善了漳河灌区部分干渠以上的渠系工程。1977—1979 年，为解决高岗、死角农田的灌溉问题，开辟了新水源，兴建了以大碑湾、拾回桥、风景寺、程山等为主体的泵站群，扩大了旱涝保收面积。1980 年以后，对已有工程除险保安、配套挖潜、巩固发展、提高效率，并实行一系列改革，把水利重点转移到管理上来。

---

① 产水模数＝某地区水资源总量/地区总面积。
② 产水系数＝某地区水资源总量/年降雨总量。

从 1985 年设区至 1998 年 12 月建县以来,沙洋县的水利工作逐步由主抓兴建工程向工程管理、维修配套、发挥现有工程效益转变,由灌溉上的"喝大锅水"向计划用水、按方收费和承包责任制转变,由单一为农业生产服务向综合经营、全面服务转变。2004 年以后,沙洋县水利局大力推进水库除险加固、灌区节水改造、泵站设备更新改造、农村人口饮水安全等工程建设,大兴农田基本水利建设,促进了农业生产的稳定和可持续发展。

截至 2007 年底,沙洋县境内有各类蓄水工程 31432 处,总库容量为 5.71 亿立方米。有大小灌区 258 处,其中,大型灌区 3 处,中型灌区 15 处,小型灌区 240 处。沙洋县已经初步形成以漳河水库为后盾,中小型水库和电力灌溉站为骨干,小型堰垱为基础,大、中、小结合,蓄、引、提相配套的灌溉供水系统,以堤防抗御外洪和水库拦蓄抗御山洪的防洪系统,以沿江滨湖涵闸、泵站为主的排涝系统。

全县多年平均农业灌溉水量为 2.04 亿立方米,平均有效灌溉面积为 80 万亩,占耕地总面积的 85.8%,灌溉渠系利用系数为 0.5,灌溉水利用系数为 0.4,灌溉保证率为 60%。[①]

三、沙洋县主要灌溉工程

1. 漳河水库灌区工程

漳河水库位于荆门市东宝区漳河镇西,背负荆山,面向江汉平原,拦阻漳河支流建坝而成,是一座省管大型水库。1958 年,由国家投资 9140 万元兴建,经荆门市、江陵县、钟祥市、当阳市、潜江市等市县八年奋战,于 1966 年基本建成。库区跨荆门市、宜昌市、襄阳市三个地级市的部分区域,承雨面积为 2212 平方公里,总库容为 20.35 亿立方米,流域面积为 2980 平方公里,全长 202 公里,灌溉荆门市、宜昌市、荆州市三市共 260.5

---

① 参见《沙洋水利志》,待出版(沙洋县水务局提供)。

万亩农田,是全国九大水库灌区(200 万亩以上)之一。灌区渠系分为总干渠、干渠、支干渠、分干渠、支渠、分渠、斗渠、农渠、毛渠九级渠道,建有各类水工建筑物 15000 多座。

漳河水库是沙洋县农业灌溉体系的后盾。虽然 20 世纪 80 年代中期以后,灌溉渠系损毁严重,灌区逐渐萎缩,功能大幅下降,但作用仍不可替代。至 2006 年年底,沙洋县灌区实际受益面积仍达 32.78 万亩。

漳河水库二干渠由总干渠右岸 0＋640 处(漳河镇东)引水,由北至南,在沙洋县与掇刀区、当阳市河溶镇交界处的五里铺镇龙山村入境沙洋县,可灌溉五里铺镇、十里铺镇、纪山镇 3 镇的 9.28 万亩农田,在十里铺镇彭场村三界冢出境入江陵县,再穿过沙洋县、荆州市交错的边界,至纪山镇砖桥村进入江陵县,尾水汇入八宝水库。全线长 83.34 公里。

漳河水库三干渠北起总干渠尾端 18＋050 处掇刀分水闸,沿 207 国道东侧南行,在九家湾折向东南,绕五岭包,穿横店,过雷集,经柴集、楝树店、大碑湾泵站灌区、高阳镇直抵沙洋(沙洋镇),入汉江,全长 75.72 公里。漳河水库三干渠灌溉五里铺镇、十里铺镇、拾回桥镇、后港镇、曾集镇、官垱镇、沈集镇 7 镇境内的 25.9 万亩农田,1981 年前还灌溉沙洋农场的 2.35 万亩农田。

2. 水库与堰塘

漳河水库多年平均来水量为 8.91 亿立方米,而灌区规划每年需水量为 15 亿立方米,水源严重不足。为减轻漳河水库供水压力,改善水源不足状况,从 1966 年开始,在灌区增建中小型水库,开挖堰塘,作为灌溉补给。

沙洋县境内有中型水库 7 座,分布在五里铺镇、拾回桥镇、后港镇、沈集镇、曾集镇 5 镇,集雨面积为 197.74 平方公里,库容为 11523 万立方米,灌溉面积达 17.95 万亩。从 1949 年到漳河水库建成(1966 年)前,沙洋县境内建有小型水库 11 座,其中小(一)型 2 座,分别为杨家冲和周坪;小(二)型 9 座。在运行实践中,漳河灌区暴露出范围过大、水源不足的问题,特别是在下游灌区,水供求严重失衡。为充分利用地表径流,解决灌溉水源短缺问题,1967—1978 年,增建小(一)型水库 27 座,小(二)型水库 17 座。

堰塘是根据山丘地区分散灌溉的特点,择地挖土筑堤、安剅蓄水的小型水利工程,因其兴修简便、灌溉及时,兼有人畜饮水、洗濯、养殖的功能,受到群众的青睐。截至 2007 年年底,沙洋县境内有堰塘 3.2 万口,蓄水能力达 2655.4 万立方米,有效灌溉面积达 12.45 万亩。

3. 引提灌工程

1949 年之后,沙洋县的丘陵地区开始筑河坝引水灌田、饮用。到 2006 年年底,沙洋县灌溉面积 400 亩以上的河坝有 28 座,总库容为 2600 万立方米,灌溉农田 5.47 万亩。这些河坝工程量小、流程近、结构多样、灌溉方便、适应性强,还兼有发电、防洪等综合功能,遍布多条河流水系。从 1962 年开始,沙洋县兴建引水涵闸,大量引用江河过境客水,缓解区域水资源不足的问题。

大碑湾(大型)电灌站位于高阳镇高阳村肖家岗,是漳河水库三干渠中下游最大的补水工程,主要担负高阳镇、官垱镇、曾集镇、沈集镇和黄土坡农场部分农田灌溉任务。泵站总装机 28 台,共 15150 千瓦,设计灌田 45.3 万亩,保证灌溉面积 25 万亩,实达灌溉面积 20.4 万亩。电灌站分三级提水,将汉江水从 37.44 米高程提至 99.60 米高程,流经人工河、渠、渡槽、隧洞,渠系总长达 190.56 公里,分段送往各镇灌区。工程于 1975 年 12 月报经湖北省计划委员会(现湖北省发展和改革委员会)批准,1976 年 11 月开始建设,1979 年完成一级站的引河、防洪堤、闸、前池、消力池及台渠建设,主泵房部分土建工程及部分机电设备安装工程也一并完成。1985—1987 年进行续建,先后完成马良闸、引水渠、防洪闸、一级站、输水渠、二级站、三级站、大碑湾泵站、黄荡湖变电站、房屋十大工程项目。

大碑湾泵站属典型的"三边工程"(边设计、边施工、边受益),自 1977 年简易受益开始,一直服务于灌区农业生产和群众生活用水,社会效益巨大。工程经长期运行，一些设备陆续出现不同程度损坏，出现建筑物结构裂缝、漏水，渠系工程垮塌、滑坡等现象。从 20 世纪 80 年代后期开始，政府每年投资进行维修，保证泵站的正常运转，总投资为 4500 多万元。2009 年 2 月，大碑湾泵站申报更新改造项目，同年 7 月，湖北省发展与改革委员会对大碑湾泵站改造工程可行性报告予以批复，计划投资 9952.32 万元，同月，水利部长江水利委员会对该项目进行评审复核，核定大碑湾泵站更新改造工程总投资为 9217.55 万元。

四、沙洋县农田水利建设投入现状

正如上文所述，沙洋县的农田水利工程大多建成于农村人民公社体制时期，经过几十年的运转，自 20 世纪 80 年代开始，工程的老化破损问题就开始出现了，并且由于投资资金的匮乏而日益严峻。进入 21 世纪以来，随着国家水利发展政策的调整，沙洋县境内大量的水利工程获得了国家及各级财政资金配套的项目支持，进行了更新改造，农田水利工程的面貌有了一定程度的改观，不过当前需要进行更新改造的农田水利工程依然普遍存在，特别是在小型农田水利工程领域。

国家水利发展政策调整以后，财政资金首先是重点投向大中型水利工程中骨干工程的更新改造和病险水库的加固除险改造项目。沙洋县的灌溉面积中有近一半的面积属于漳河水库灌区，分别自漳河水库二干渠和三干渠取水灌溉。漳河水库的管理单位是漳河工程管理局，其是湖北省水利厅下设的管理单位，近年来，漳河水库灌区在国家节水灌溉项目的支持下对大量的渠系进行了硬化改造，并兴建了大量的配套设施。2009年，大碑湾泵站的更新改造项目获得批准后，核定总投资为 9217.55 万元，历经 5 年工程改造建设基本完成，于 2014 年重新投入使用。沙洋县境内的 7 座中型水库全部获得了病险水库加固改造项目的支持，已经全部进行了加固改造与建设，单个水库的建设投资规模均超过 1000 万元，但是项目只是对水库本身的加固，对水库的灌溉渠系并未进行改造。

2010 年以后,国家财政资金开始加大对小型农田水利建设的投入,沙洋县境内的小型农田水利工程,包含田间渠系也获得了一些更新改造的机会。小型农田水利建设不仅仅只在水利发展的项目中实施,农业综合开发项目、高产农田改造项目、土地整理项目等都包含部分农田水利工程的建设任务。沙洋县的灌溉面积大多数属于山区、丘陵区灌区,这类灌区的典型特征是"渠道常和沿途的塘坝、水库相连,形成长藤结瓜式水利系统",这也意味着这类灌区的小型农田水利工程的丰富性,当前沙洋县获得的更新改造或者新建的小型农田水利工程只占相关总需求的一小部分。2014 年,沙洋县入选中央财政第六批小型农田水利重点县,获得项目资金 7333.33 万元,将在接下来的 3 年内完成新建泵站 63 处、改造堰塘 150 口、硬化渠道 318.8 公里以及灌溉渠系配套建筑物 10848 处的建设计划。

五、沙洋县农田水利发展的制度改革探索

沙洋县是中部地区重要的商品粮基地,在农田水利建设上的成果一直比较突出,是农田水利发展的重镇,而这一点也使得许多政策改革试验常常落户于此。这些政策试验常常会直接转化成为一些地方性的制度规范,也有一些会成为影响全国性立法的重要因素。根据与本书讨论内容的关联性,本书梳理了沙洋县以下几个方面的制度改革试验及其形成的一些地方性规范。

1.《荆门市农民用水者协会管理暂行办法》[①]

位于沙洋县境内的三干渠洪庙支渠农民用水者协会[②]是我国第一个参照世界银行标准组建的农民用水者协会,实际上同年在漳河三干渠灌

---

① 　需要说明的是,1995 年世界银行贷款项目在三干渠组建农民用水户协会之时,沙洋县尚未立县,在行政体制上为荆门市沙洋镇,沙洋镇在 1998 年转制为沙洋县。所以 20 世纪 90 年代中后期开展的农民用水户协会的试验,此后转为了荆门市一级的地方性立法,即《荆门市农民用水者协会管理暂行办法》。

② 　该用水者协会组建于 1995 年 6 月。

区沙洋境内就组建了 4 个农民用水者（户）协会，截至 2002 年 5 月，漳河三干渠灌区沙洋县境内组建的农民用水户协会已经多达 15 个。为了总结农民用水户协会的发展经验，引导农民用水户协会的进一步发展，荆门市于 2002 年 6 月 17 日颁行《荆门市农民用水者协会管理暂行办法》，该法规通过八章四十二条的规定，从组建及选举办法、服务范围与职能、灌溉管理、工程维护、水费计收与财务管理以及处罚等方面对农民用水户协会的发展进行了系统性的规范。该办法对农民用水者协会的定义是"用水者协会是以水文单元（支、分渠，中、小水库）用水户自愿联合，参与管理，自我维持的非营利性社团组织。"

2. 乡镇水利站的改革

湖北省于 2003 年在咸宁市咸安区开展了乡镇事业单位"以钱养事"①改革试点，2006 年"以钱养事"模式在全省推广开来，乡镇水利站在这一体制改革中更名为"水利服务中心"，这一变更的本质是将原先属于事业单位性质的水利站转制成为市场主体，但是在政策上对水利服务中心性质的解释是"民办非企业"。然而，湖北省的"以钱养事"改革总体上并不成功。以水利站的改革为例，政府试图向市场购买基层水利服务，但是基层水利服务的供给市场实际上并未形成，所谓的通过市场竞争降低公共服务的成本，提高公共服务质量的目标并未实现，相反还带来了若干负面的影响。乡镇水利站改制为水利服务中心以后，水利服务中心只对乡镇布置的具体任务负责，而此前它承担的是"一揽子"式的乡镇水利发展事务，乡镇在成本未降低的情况下获取的是更少的服务供给。乡镇水利站的改制，对基层水利站工作人员的工作积极性是一个重大的打击，改制以后，水利站工作人员在行政体制系统中的晋升路径被切断，并直接面临养老保障缺失的困境，因而改革以后，大量的水利人才流失，基层水利人才断层局面出现。2012 年，沙洋县恢复了基层水利服务机构的事业单

---

① 所谓"以钱养事"，就是以加强农村公益服务为目的，大胆创新管理体制和运行机制，在单位转变性质、人员转变身份、实现全员养老保险的同时，加大财政投入力度，实行政府采购，花钱购买农村公益服务。

位属性,水利服务中心更名为"水务站"。

3. 小型农田水利工程管护模式试验

2012 年,财政部、水利部联合下发《关于中央财政统筹部分从土地出让收益中计提农田水利建设资金有关问题的通知》(财综〔2012〕43 号),通知要求:"从 2012 年 1 月 1 日起,中央财政按照 20% 比例,统筹各省、自治区、直辖市、计划单列市从土地出让收益中计提的农田水利建设资金。"2013 年印发的《中央财政统筹从土地出让收益中计提的农田水利建设资金使用管理办法》,明确了这部分资金的 80% 用于农田水利建设①,20% 用于建成的水利工程的日常维护。2013 年,湖北省开始探索这部分资金具体的使用与管理办法,先是在地方进行试点,沙洋县的沈集镇、曾集镇、拾回桥镇、官垱镇也位于首批试点乡镇之列。在小型农田水利管护经费的使用上,沙洋县试点的情况如下:首先,每个乡镇根据耕地所处的灌区进行划片,并成立农民用水户协会,一般一个乡镇成立 4~6 个协会;其次,统计各用水户协会内部小型农田水利工程的基本情况,并编制具体的管护方案与资料,包含管护合同、水利工程基本信息表、水利工程四周范围图以及水利工程图片信息四项内容;最后,在上述统计与编制的基础之上,对用水户协会范围内小型农田水利工程的维修养护经费进行汇总。在总结试点经验的基础上,2013 年年底,湖北省财政厅、水利厅农水处与财务处联合发出《关于抓紧编制 2013 年中央财政统筹从土地出让收益中计提农田水利建设资金项目〈实施方案〉和〈标准文本〉的通知》(鄂财农函〔2013〕74 号),该通知在很大程度上吸收了沙洋县试点试验的经验。

---

① 实际上主要是小型农田水利建设。2013 年印发的《中央财政统筹从土地出让收益中计提的农田水利建设资金使用管理办法》第三条规定:"中央农田水利建设资金专项用于农田水利建设与管护。其中:(一)中央农田水利建设资金的 80% 用于农田水利设施建设……(二)中央农田水利建设资金的 20% 用于上述农田水利设施的日常维护支出。"

第二节　沙洋县农田水利发展的若干问题

一、总体性描述

从沙洋县农田水利发展的现状来看，一方面是不断增加的水利发展资金，另一方面是不断进行的水利管理制度改革，但是从实践结果来看，并未带来预期的发展效益，甚至在发展的过程中出现了一些悖论现象，具体情况如下文所述。

首先，灌区骨干工程基础条件改进与大中型灌区灌溉面积缩减同时发生。如前文所述，近年来大中型灌区的骨干工程的基础条件在国家财政资金的投入下有了很大程度的改观，但是灌区管理单位和县、镇水利机构的工作人员都反映了大中型灌区灌溉面积缩减的问题。以漳河三干渠灌区为例，沙洋县拾回桥镇原本处于三干渠灌区的下游，近年来拾回桥镇全镇已经基本退出了三干渠灌溉系统，开始开辟新的取水渠道。而在大碑湾泵站灌区，位于灌区最上游的高阳镇农户近年来多自主打机井实施灌溉，农户的灌溉方式已经转为以机井为主、向泵站取水为辅的模式，这从侧面反映出泵站灌区即使完成了更新改造，其供水效益也大不如前。

其次，斗渠以及其他田间渠系虽得到了硬化改造，但是使用率不高。一些斗渠及其他田间工程通过一些项目投入获得了硬化改造，但是建设完成以后却不一定能很好地发挥效用。从沙洋县的实践来看，一部分的原因在于水利更新改造的系统性尚未达成，所以部分渠段硬化改造以后，水利系统整体上还是不能够有效运转，因而这样的田间工程常常不能发挥作用，那些不能被利用而缺乏管护主体的渠系工程的毁损速度非常快；另一部分原因是一些灌区用水农户的灌溉方式已经发生了改变，比如上文所描述的高阳镇的情况（这种情况已非常普遍），农户家庭建设了灌溉机井以后，机井灌溉就会成为农户首选的灌溉方式，由此减少了向大中型水利工程取水的机会,这自然带来斗渠及相关田间工程使用率低的问题,因为机井灌溉一般不需要使用这些渠道。

最后,用水农户放弃了从大中型水利工程中取水灌溉,而选择通过微小型水利工程实施灌溉,虽然后者的灌溉成本要高于前者。这里所说的农户通过微小型水利工程实施灌溉,指的是农户家庭通过打机井取用地下水再配合堰塘实施灌溉的过程,这种灌溉模式常常需要农户更多的资金、劳动力和精力的投入。以下是对高阳镇寿庙村八组一个农户家庭井堰式灌溉系统灌溉成本的简要计算。

耕种土地规模:4 亩。

建设小机井的费用:3000 元,预计使用时间为 10 年,年折旧费为 300 元。

购置一台潜水泵的费用:300 元,预计最多使用 5 年,年折旧费为 60 元。

购置电线的费用:100 元,预计使用时间为 10 年,年折旧费为 10 元。

购置塑料水管的费用:200 元,预计使用时间为 3 年,年折旧费约为 67 元。

开挖一口堰塘的费用:7000 元。

年用电的费用:200 元。

考虑到堰塘的使用是长期性的,姑且不算堰塘的折旧费用,该农户的亩均灌溉成本是 159.25 元。[①]

在上述案例中,该户农民表示在村组集体组织灌溉时期,其灌溉的成本约为 15 元/亩。我们在简略计算时并未考虑堰塘建设的成本,但是灌溉成本已经超过了村社组织实施灌溉管理时期的 10 倍有余。而实际上

---

① 林辉煌.水利乡村与堰塘农民——荆门市沙洋县高阳镇农田水利调查[R]//贺雪峰,罗兴佐.中国农田水利调查——以湖北省沙洋县为例.武汉:华中科技大学中国乡村治理研究中心,2010:58.

在大量的井堰式灌溉系统中,农户的灌溉成本甚至更高,以下是沙洋县水务局的调研资料:

　　而实际上,在大量的井堰式灌溉系统中,农户的灌溉成本还要更高。沙洋县水务局的调研资料显示,农户打井灌溉每年在潜水泵、电线、水管等设备上的投资大约为 100 元/亩;因地下水超采,农户需要不断加大机井深度,每口深井开挖价格为 7000～8000 元,只能使用一年;在抗旱用电高峰期,因电压不够还需购置小型发动机发电抽水,价格约 1800 元[①]。可见农户通过微小型水利工程进行灌溉的成本之高。

　　对农户来说,井堰式灌溉系统在运行时也是一个劳心劳力的过程,除了在开始抽水之前架设好所有的设备,还需要频繁巡视,检查水管是否渗漏,检查潜水泵是否正常运行,还要防止潜水泵被盗。很多接受笔者访谈的农户表示自己在灌溉期间常常几天几夜不能睡觉,还有人说每年等作物浇灌好了人都要瘦好几斤,这些都是对井堰式灌溉系统的运转需要付出更多劳力的形象描述。

二、"对户配水"的难题

　　随着 2002 年《水利工程管理体制改革实施意见》和 2003 年《水利工程供水价格管理办法》的实施,我国灌区的供用水体制发生了根本的变化,这一变化的关键词是"水费"变"水价"。"水费"体制时期,供水单位与用水主体之间是行政法律关系,供水单位向用水主体供水,同时有权力"征收水费";"水价"体制时期,供水单位与用水户之间是民事法律关系,供水单位与用水户是供用水合同的法律主体,二者的法律地位平等,供水单位向用水户供水,同时有权力按照"水价"标准收取相应费用。也就是说,水利工程灌溉体制改革实施以后,供水转变为经营性质,又由于在同一时期农村税费改革制度的实施,村社组织依托"共同生产费"收取水费

---

　　① 详细参见沙洋县水务局:《关于在全省实行农业灌溉水费统筹的建议》(2013 年 1 月 17 日)(沙洋县水务局内部资料,参见附录 B)。

的体制解体,村社组织逐步退出灌溉管理领域,灌溉水费成为了农户按照"谁受益,谁出钱"的原则据实承担的费用,这些政策变化整体上对对户计量配水提出了要求。不过,从沙洋县的农田水利发展实践来看,"对户配水"的实施,在有的灌区由于工程设施的计量设备配置不够,"对户配水"本身是不可能的;在有的灌区即使工程设施的计量配置达到"对户配水"的要求,但是"对户配水"在实际操作中的困难依然很多。

　　首先是"用水计划"传达体制不明。自 20 世纪 50 年代向苏联学习灌区管理的技术措施以来,"计划用水"就一直是我国灌区用水管理的基本方法,"计划用水"的第一步是"用水计划"的制定。在水利工程管理体制改革实施以前,沙洋县境内的灌区"用水计划"的传达一般是依托行政体制来实施的,即行政村先将本村的"用水计划"上报给乡镇水利站,水利站再将全镇的需水情况上报给相关的管理站,这一需水信息再通过管理站逐级上报,相应的灌区管理局(处、所)依据需水情况及其他相关情况制定"供水计划",供水计划逐级下达至村庄,村庄根据供水计划的安排做好准备工作。水利工程管理体制改革实施以后,灌区供水转变成为经营性质,而在同一时期实施的农村税费改革取消了"共同生产费"制度①,"共同生产费"制度相当于是国家赋予农村集体经济组织的"征税权",表明农村集体经济组织是管理共同生产事务(其中最为重要的是灌溉排水事务)的权力主体,"共同生产费"制度的取消意味着农村集体经济组织在灌溉管理事务上的权力主体身份是不明朗的。农村集体经济组织在灌溉管理事务上的责任不明,而个体农户又不可能直接向水管单位申报用水需求,导致了用水需求信息传达的滞后。作者在三干渠的刘集管理站和帅店管理站调研时,管理站的工作人员都反映了村庄不积极申报用水需求的问题,但是农田需水又是实际存在的,以至于管理站常常不得不"替村庄申报",虽

---

　　①　2001 年湖北省人民政府、中共湖北省委联合发布《湖北省农村税费改革试点方案》:"原用于村内统一组织的抗旱排涝、防虫治病、恢复水毁工程等项开支的共同生产费,不再固定向农民收取。用于农村抗旱排涝的计量水费和电费等,按照'谁受益,谁出钱'的原则,由受益农户据实承担。用于村组修复水毁工程所需资金,纳入一事一议范围内统一考虑。"

然这种"替代"没有用水主体的"授权"，也不一定能准确把握需水量，但是如果没有这种"替代"行为，整个灌区的灌溉都会受到影响。

其次是配水渠系排他性供水难题。在灌区进行节水工程改造以前，由于配水渠系基本是土质渠道，渗漏严重造成了设置排他性供水的成本高昂，通过国家节水工程项目的投入，大量的配水渠系获得了硬化改造。然而从沙洋县灌溉管理的实践来看，配水渠系依然难以设置排他性供水，笔者在对三干渠帅店管理站进行调研时，管理站站长生动地描述了当前这一供水困境：

> "放水的时候，渠道里的小水泵多如牛毛，根本管不过来。通过渠道的涵洞取水，是按照取水量来收费的，农户自己用水泵到渠道里抽水，我们定的标准是一小时 5 元。农户用潜水泵到渠道抽水，一般是被发现了才交钱，时间又没办法准确计算，有的时候抽了一天一夜才交 5 块钱。"

具体来说，我国灌区主要是渠灌区，即使经过硬化改造，渠道依然是开放式的，这为农户通过"搭便车"取水创造了条件。有的搭便车行为不是农户主动而为的，那些位于渠道两侧的田块通过渠道渗漏的水量基本就满足了灌溉需求；有的搭便车行为则是主动为之，农户自主架设小型潜水泵到渠道抽水，自己只需要承担电费成本，如果没有被发现，则完全不用向供水单位交纳水费。而对于灌区水管单位而言，他们常将自己的身份性质表述为"事业单位，企业管理"，意思是说，虽然工作人员有事业单位编制，但是却没有足额的财政岗位工资，或者岗位编制数量明显偏低，大量的工作人员处于无编制状态，水管单位要通过供水经营实现员工的工资补给和福利补给。但是当前灌溉水价标准低，水管单位一般在放水时节聘请一些临时管水员，但是规模有限，管理能力也有限，实质上无法约束农户的搭便车行为。

再次，"对户配水"的效率损失。配水主体与取水主体之间构成合同关系，双方必须就取水的具体事宜协商谈判，"对户配水"以后，取水主体数量急剧增加，而取水主体个性化的要求也急剧增加，在沙洋县灌溉管理实践中，相较于对村组单位配水，当前的"对户配水"在效率上已经有了较大程度的下降，以下是一个典型案例。

2012 年伏旱，距离漳河二干渠 1.7 公里的纪山镇金桥村九组，因村民意见不统一，村委会难以组织，只有让村民自行交钱放水。处渠道上游的杨某，占用 0.5 个流量的涵闸按 0.1 个流量放水，8 亩田耗时 50 小时。而其他农户，只能排队依次等候。[①]

沈集镇水务站站长描述了当前导致配水效率下降的几种情况：

"一是群众要求小流量放水，流量小放水时间拉长，原来 3 天可以灌完的面积，现在 10 天也灌不完；二是群众的要求特别多，有的会拉人情，要求管水的工作人员多送点时长的水量，有的又要求将渠道的尾水全部收走后才允许下一户接水，因为他说水是自己买的，这样渠道断水后再充满就又浪费了时间[②]。"

配水效率降低以后，造成的一个直接后果是下游用水户取不到水。下游的用水户常常称自己"交了钱也取不到水"，原因在于同一渠道上的用水户一般是按照从上游到下游的顺序取水，上游取水速度减慢以后，等轮到下游灌溉之时常常已经过了农时或者错过了作物需水的时间。下游农户由于难以从大中型的水利工程中取水，而不得不自建新的灌溉系统，沈集镇 S 村第六村民小组的灌溉即属于此类情况。

S 村入村的斗渠有 3 条，本来都可以延伸到第六村民小组的农田，但是该村民小组的农田位于斗渠的最末端，其上游有 3 个村民小组。对户配水以后，渠道上的配水速度慢，这个村民小组常常不能取用到漳河水库的供水。为了解决灌溉难题，这个小组的村民开始建设以户为单位的微

---

① 沙洋县水务局：《关于在全省实行农业灌溉水费统筹的建议》(2013 年 1 月 17 日)(沙洋县水务局内部资料)。

② 在灌溉实施的过程中，从计量口到田间一般还有一定的渠道距离，远距离的甚至长达好几公里。如果农户要求收取尾水，则意味着该农户取水时间到了以后，计量口必须关闭，待渠道水流尽，下一户才能够再次取水。这导致配水不能连续，配水时间延长。

小型灌溉系统，由于该区域缺少地下水，村民主要建设起了自主的堰塘灌溉系统。村民表示，小组内部的堰塘实际上已经"确权"到户了，一部分堰塘被分割，一部分新的堰塘开挖出来，总体而言，几乎每户都有自己的堰塘。农户再通过架设电线、购买潜水泵和输水水管，即构成了一个微小型的灌溉系统，由于堰塘的蓄水能力有限，村民采取了"闲时备，急时用"的方略，有的农户在前一年冬季就开始囤水，将小组附近港沟的水流用潜水泵提水至堰塘储存，在用水时节利用。在雨水稍微充沛的年景，微小型的灌溉系统一般可以满足农田灌溉需要，而自三干渠取水的3条斗渠，由于长期不使用而荒废，甚至被农户填埋成农田耕种。但是，微小型灌溉系统无法抵御大旱，2012年的大旱，村民急切需要漳河水补给，但是渠道无法输水，村民只能承受干旱损失，到2013年，在村民的要求下，村级组织出资对渠道进行了疏通，但是渠道的使用率依然不高。

最后，对于在客观条件上无法实施"对户配水"的灌区，灌区配水更为困难。沙洋县的灌溉面积中，只有漳河水库三干渠灌区经过节水工程改造的渠系条件好，这一灌区的部分区域在工程基础条件上可以实施"对户配水"，但是对于其他的灌区，比如大碑湾泵站灌区和其他中型水库灌区，虽然也经过了一定的更新改造项目的投入，但是并不具备"对户配水"的工程设施条件。在这些灌区还是必须以村组为单位供水，但是供用水协议不易达成，大碑湾泵站"承包供水"难以开展的例子即是体现。

2004年，大碑湾泵站与灌区内的一些村组达成了承包抽水协议，协议的主要内容如下：①泵站按照各村组的灌溉面积收取水费，灌溉面积按照农业税费计税面积的90%计算，泵站保证村组的足量用水；②灌区上游承包价格为20元/亩，下游承包价格为40元/亩；③各村组每年4月交一次水费，每年6月再补交一次水费。

这种承包供水模式实施的效果是，2004年雨水正常时，泵站共收入58万元水费，除去27万元电费后实现了保本经营。然而，2005年这种模式就出现了问题：一方面是用水户开始对承包价格产生异议，下游用水户不认可上下游相区分的承包价格标准,而上游用水户又不愿意支付高价格;另一方面是灌区内有一些农户开始挖堰,不再参与承包供水,泵站的供水面积在一年之内减少了 3000 亩。2005 年,泵站严重亏损,与此同时,未参与承包的农户也遭受了旱灾,其中的一个村庄 1100 多亩稻田全部干死,有的村庄则连秧都未插上。

为解决泵站抽水抗旱问题,该镇分管农业的熊镇长主持召开了官村、沙村、易村 3 村与大碑湾泵站抽水承包协调会。大碑湾泵站是典型的大中型水利工程,泵站功率大、抽水成本高,必须至少以一个行政村为单位才能向泵站取水。根据熊镇长的初步估算,3 个村的灌溉面积不低于2000 亩,以每亩 50 元的标准来收取水费,则能够保证泵站开机所需的 10万元的基本费用。然而,实际的结果却让熊镇长意外,3 个村申报的灌溉面积总量还不到 500 亩,其中沙村的一个村民组仅申报了 12 亩,而实际受益面积超过 120 亩。这次协调会议后来也以失败告终。

三、农民用水户协会的表达与实践

(一)沙洋县农民用水户协会的发展过程

沙洋县是我国最早组建农民用水户协会的地区之一,全国第一个按照世界银行标准组建的农民用水户协会——三干渠洪庙支渠农民用水户协会即位于沙洋县境内的五里铺镇。近年来,在湖北省小型农田水利工程管护政策的推动下,沙洋县农民用水户协会的组建已经实现了"全覆盖"①。

总体来说,沙洋县的农民用水户协会经过了三个发展阶段:第一个发展阶段是 1995 年至农村税费改革以前,这一阶段是沙洋县农民用水户协会发展的起步阶段,但也是协会迅速发展的阶段,在这一阶段协会的组建数量多,并且运转得也比较好,在维护渠段的供水秩序与工程管护方面都

---

① 需要说明的是,这一时期组建的农民用水户协会形式意义远重于实质意义,虽然这些用水户协会都在民政部门登记注册了,但是农民却并不知晓协会的存在。

取得了积极的成果；第二个发展阶段是农村税费改革至 2013 年，农村税费改革以后，村社组织退出了田间工程的灌溉管理，用水户协会开始由之前的与村社组织打交道转变为与农户互动，用水户协会的运转开始出现困难，部分用水户协会实际上已经不再运行了；第三个发展阶段是 2014 年至今，实际上自 2012 年起，湖北省已经开始探索将土地出让金中计提的小型农田水利建设资金中的部分用于工程管护的办法，2013 年开始在全省选点试行，沙洋县是首批试点①，根据湖北省小型农田水利工程管护资金下发的相关政策要求，管护资金项目申报以农民用水户协会的组建为必要条件，由此，2014 年沙洋县的农民用水户协会组建工作全面展开，一般情况下依据灌溉片区的不同，一个乡镇一般组建 4～6 个协会。下面将介绍几个典型的农民用水户协会的发展现状。

1. 经营困难的洪庙支渠农民用水户协会

漳河三干渠洪庙支渠农民用水户协会是我国第一个参照世界银行标准组建的农民用水户协会，协会成立于 1995 年 6 月。洪庙支渠农民用水户协会管理的渠段是漳河水库三干渠三分干洪庙支渠，支渠长 8.1 公里，通过该支渠向刘集村的 14 个村民小组（刘集村另外 3 个村民小组不属于这一渠系的灌溉范围）供给灌溉用水，涉及灌溉面积 5200 亩。洪庙支渠的渠系在协会成立之时已经有 80% 以上进行了硬化处理，经过近 20 年的使用，破损已经非常严重，2013 年通过国家水利项目再次对这条渠道实施了硬化改造。洪庙支渠位于漳河水库三干渠刘集管理站的最上游，在取水上具有相对优势。虽然称之为支渠，但洪庙支渠的设计流量比较小，由该支渠直接分水入田间农渠，通过田间农渠水流入农田实现灌溉。刘集村当前田间农渠的硬化率已达 60%，这些硬化工程均是通过国家农业开发、土地整理以及小型农田水利建设项目实施的。

---

① 2013 年沙洋县被确立为试点以后，选择了 4 个乡镇进行试验，试验的目标是在政策的总体性要求下探索小型农田水利工程的管护路径。4 个乡镇均制作了相关的文本资料（包括小型水利工程管理体制改革调查摸底表、小型水利工程管护合同、小型水利工程四周范围图示、小型水利工程四周范围图片），但是实际上管护资金并未下发。

　　洪庙支渠农民用水户协会的运转模式为经营模式，协会作为一个独立的主体，向三干渠刘集管理站买水，再将购买取得的水量在支渠上分配给用水主体，用水主体按照一定的水价标准向协会提交水费，协会获取一定的经营性收益。协会从本质上讲已经接近于农业末级渠系的经营主体，只是为了不增加农民负担，国家对农业末级渠系的水价进行了专门规定，地方政府还制定了更为具体的标准，所以农业末级渠系经营主体的营利空间受到控制。协会作为一个自治组织，开展灌溉管理的相关民主议事在实践中并未实施过。到目前为止，洪庙支渠农民用水户协会经历了近20年的发展历程，在具体的经营事务中也发生了一些变化，其中对协会发展影响最为重大的是农村税费改革。改革后，协会的配水体制发生了重大变化，由之前的对村民小组配水，转为直接对户配水，水费关系也发生了相应的变化。农村税费改革以前，协会发展稳定，协会组织机构的成员构成相对稳定，农村税费改革以后，协会的经营状况变得不稳定，甚至多年出现亏损经营的状况，协会的负责人也因此开始频繁更换。当前协会的负责人是刘集村一个村民小组的信息员，他在协会的登记信息中是协会会长（理事长），协会组织机构实际上再无其他成员。

　　协会负责人表示，洪庙支渠的经营状况并不理想，这是该协会负责人频繁更换的原因，现任协会负责人于2013年接手，是协会的第六任"理事长"。协会2013年总共分三次向农民供水，实现了数千元营利，2014年，协会投资近1万元对支渠进行清淤。2014年7月，笔者在当地开展调研的时期，协会负责人表示当年的前两次供水还尚未能弥补投入，尚亏损3000多元，2014年当地是大旱年景，农户对灌溉用水的需求量大，协会负责人表示希望能够通过当年最后一次供水将这个亏损补上。

　　但是，刘集村的农户并不认可当前的协会模式，原因在于协会通过在每方水上加价2分的方式开展经营，相比于漳河水库的供水价格0.053元/立方米，农民认为协会的供水价格偏高。而另一方面，协会"对户配水"以后，配水的速度大幅度降低，2014年，协会第二次供水就持续了20

天,这意味着最上游最先取水的农户与最下游最后取水的农户实现灌溉的时间相差近20天,而对于农业生产而言,这20天则意味着可能会延误农时,所以协会负责人表示当前的这种模式存在"农民交钱却放不到水的情况"。

2. 缺少投入的二干渠二支渠农民用水户协会

漳河二干渠二支渠农民用水户协会成立于2001年3月。通过二干渠二支渠向漳河取水灌溉的村庄主要是彭场村、石牛村、光华村、包堰村、九堰村以及十里居委会共6个村(居)委会(均是部分村民小组),该渠设计灌溉面积近2万亩,但是由于农户自主抗旱能力的增强和渠系毁损,当前实际灌溉面积约1.2万亩。二支渠总长度为13公里(协会成立以前硬化了4公里,此后未进行进一步硬化改造),有分水涵闸89处。

漳河二干渠二支渠农民用水户协会组织机构健全,有会员579名,其中会员代表26人,常驻协会理事有3名(理事长1名,副理事长2名),协会还设立有监事会,共10名成员。协会的规章制度设置全面,协会组建以后即制定了协会章程,并专门针对灌溉事务制定了奖惩规则(参见附录一)。在农民用水户协会成立以前,漳河二干渠二支渠由乡镇水利站(水务站)负责管理,协会成立以后,十里铺镇镇政府将渠系和管理用的四间房屋的产权一并转移给了农民用水户协会。该农民用水户协会还向荆门市民政局申请了社区民间组织的登记备案,并于2001年3月获得批准。

漳河二干渠二支渠农民用水户协会成立至今,其运转模式已经发生了一定的变化。农村税费改革以前,协会以用水组为单位进行水量配置,一般情况下协会先向用水组配水,再向用水组收取水费,协会仅与用水组代表,即会员代表直接互动;农村税费改革以后,协会对用水户或者用水联户[①]进行水量配置,一般情况下是用水户或者联户先向协会交纳水费,协会再根据其购买的水量实施供水。

---

① 当地人将数户合作取水称为"联户"。

虽然漳河二干渠二支渠农民用水户协会组建之时制定的《用水者协会章程》表明"协会是农民自己组织,通过民主选举产生一个群众性的自治组织,具有法人资格",但是从运转的实际情况来看,协会作为一个自治组织的性质并未得到体现,协会的实然性质是二支渠渠段经营主体。

协会理事长将当前该协会运转的困难概括为以下几点。

(1)渠系得不到改善。协会成立之初,地方政府将相关水渠的产权移交给了农民用水户协会,但是协会自身却没有经济能力对渠系进行改善。而在产权归属协会的情况下,漳河水库灌区的改造工程不会延伸到这里,并且沙洋县政府也欠缺积极性对之进行投入改造。

(2)协会自身的经济能力不足。两部制水价在推广的过程中并没有获得真正的成功,协会的供水收益受用水量的影响波动较大,而近年来随着农民自主灌溉能力越来越强,灌区面积缩小,农民面向协会的取水量减少,导致协会越来越难以维持运转。

(3)支渠配水事务中的若干困难:一是对户或联户配水效率较低;二是农户向支渠取水中的投机行为导致支渠的水方回收率降低[1],比如有的农户宁愿放弃自涵闸取水而采用潜水泵到支渠提水的方式,原因在于后者难以准确计量,协会采用计时收费,但是收取一小时,农民却可能抽取数小时,这些情况由于数量过多而难以监督;三是协会配水过程中农户的各种违法行为难以得到制止,虽然协会制定了奖惩规范,实际上却并无执行力,协会自身并不是权力机构,而根据相关的水法规,此类行为又尚未达到立案的标准。

3. 依托政府的吕岗农民用水户协会

吕岗农民用水户协会成立于1997年,它是作为世界银行向漳河灌区贷款进行灌区加固改造项目的附加条件而组建的。吕岗农民用水户协会

---

[1]　水方回收率＝协会对户或者联户供水总量/协会向灌区管理处的取水总量。漳河二干渠二支渠农民用水户协会的水方回收率一般维持在50％～70％的水平。

是以漳河水库三干渠的一支干三分干为水系基础组建的，其管理的渠道长 19 公里，涉及 7 个行政村，共 85 个村民小组，1.6 万亩农田的灌溉。

协会管理的渠道中，已经有 10 公里实现了硬化，在硬化的渠道上安装有近 80 个启闭闸门，这一渠段可以进行较为准确的分水计量；在未硬化的渠段，则是通过涵洞向下一级渠系分水，只能进行粗略计量。

协会成立有组织机构，并制定了协会运转的章程。协会组织机构的成员主要由镇水利站站长和各村各派一名村干部充任[①]。协会在灌溉时节提供供水服务，在其他时期只需聘请 2 个人管理协会的房屋及一些水利设备，在灌溉时期则聘请 8 名左右的配水员，在渠系上管理启闭器闸门负责配水。配水员是临时性的雇工，按天支付工资，一般雇请卸任的村组干部。

吕岗农民用水户协会以协会为单位向三干渠管理处取水，再将取得的水分配各协会的村组。协会运转的成本主要是聘请工作人员的工资、渠系养护的开支及水损开支。整体的开支均等地分摊在分配出去的水量上，转化成为终端水价，由用水户进行承担。用水户协会是一个非营利性机构，其运行只是将管理的成本添加在水价上。不仅如此，当地物价局还对水价进行严格监管，协会自三干渠取水的水价是 0.053 元/立方米，物价局规定的终端水价不得超过 0.073 元/立方米，即每立方米水的加价不得超过 2 分。

1997 年至 2002 年，用水户协会以村民小组为单位配水，灌溉水费由行政村统一收缴以后交给用水户协会。2002 年以后，村组不再统管灌溉事务，用水户协会开始"对户配水"，实施"农户交钱，协会开票，凭票放水"的配水步骤。

吕岗农民用水户协会负责灌溉的几个村，村庄内部的用水在 2002 年

---

① 笔者 2014 年到协会调研时，协会的范围已经缩小，主要只负责处于硬化渠段的 4 个村的灌溉，协会组织机构的成员由这 4 个村的村干部充任。

以前还是由村组统筹进行的。协会成立以前,这些村组以 0.053 元/m³ 的水价向三干渠管理处取水,当前他们以用水户协会确定的终端水价向协会取水,虽然水价有所上升,但是由于节省了在分干上守水的成本,整体的取水成本降低了。

在村庄中,村干部、村民组长和管水员依然开展着其原先的灌溉事务。用水户协会将水配送给村民小组以后,村民组长和管水员再将水配送到每块农田。灌溉的成本依然是属于共同生产费的范畴,由行政组织征收。

值得一提的是,吕岗农民用水户协会在 1997 年至 2002 年间运转效果良好,运转良好的基础是水费的收缴有保障。但是,2002 年农村税费改革试点实施以后,村组不再负责灌溉事务,用水户协会的配水对象转为个体农户或联户农户,水费也是向个体农户收取。2002 年以后,配水和水费的收缴均出现困难,协会供水的范围缩减至 4 个村,协会的运转开始走下坡路,2008 年以后,协会几乎年年亏损,该协会当前只能通过向镇政府争取抗旱补贴来维持运转。

(二) 农民用水户协会的特征与发展困境

沙洋县农民用水户协会的发展起步早,发展速度快,组建的农民用水户协会数量也比较多,在湖北省乃至全国都具有典型性。通过实地考察,本文总结了沙洋县农民用水户协会发展的几点特征。

首先,农民用水户一般围绕公共的斗渠或支渠渠段组建,而斗渠以下的农渠及其他田间工程并不归属协会管理。这也就是说,协会所开展的灌溉管理并不是农田灌溉的最后一个环节,协会向取水主体配水以后,取水主体要自主通过农渠等水利工程引水入田实施灌溉。这同时也说明,沙洋县的农民用水户协会承担的主要责任并不是基本灌溉单元的治理,整个灌溉供水的过程先要经过骨干工程的输送,再通过公共支渠、斗渠的配水,最后再通过最末端的农渠、毛渠的输水才到达农田,实现灌溉。

其次,支渠、斗渠渠段的管理主体由行政主体转为农民用水户协会,这一制度变迁的激励因素主要是政策。沙洋县的农民用水户协会基本都是作为财政支持水利工程建设项目的附带条件而组建的，而2014年实现了农民用水户协会对全县小型水利工程管理的全覆盖，根本的动力在于满足湖北省相关小型农田水利工程管护资金项目申报的要求，从而为地方争取更多的管护资金资助。不过，在这种激励环境下产生的农民用水户协会，其形式意义胜于实质意义，可以说大量的协会是空壳状态，很多农民甚至并不知晓协会的存在。

最后，当前的农民用水户协会的自治性很薄弱，协会的运转实践表明其身份性质更接近于公共渠段的经营主体。农民用水户协会在形式上表现为自治组织，一般都在民政部门登记为民间团体，有规范的协会章程和组织机构设置，但是协会开展灌溉自治的活动则基本不存在，比如基本不存在会员大会或会员代表会议的举行。农民用水户协会与用水户之间表现为实质性的经营关系。

作为支渠、斗渠渠段经营主体的农民用水户协会，当前面临的最大的发展问题是经营困境。从上文对沙洋县典型农民用水户协会的描述中也可以看到，协会的经营状况在农村税费改革前后发生了很大的变化：农村税费改革以前，协会向村组这一取水单位供水，也直接向村组集体组织收取水费；农村税费改革以后，协会向农户或者农民联户供水，由于欠缺"对户配水"的能力，协会经营状况急剧下滑，甚至有些协会已经无力经营下去。

四、村社组织的灌溉管理困境

虽然2014年沙洋县又成立了大量的农民用水户协会，这些协会成立以后，沙洋县境内所有的小型农田水利工程都能够划归不同的农民用水户协会管理。但是正如上文所述，这些新成立的农民用水户协会基本上只具有形式意义，实际上这些组织并未实施任何灌溉管理行为。真正实施灌溉管理或者渠段经营的农民用水户协会依然只是在此之前组建的协会，截至2007年5月总数为23个，但是实际上有一些协会由于经营困境已不再运转。但是对于支渠、斗渠的管理而言，未组建农民用水户协会管理时，在税费改革以前由乡镇或村管理才是普遍的状况。农村税费改革以后，乡镇退出了对灌区末级渠系的管理，灌溉水费也直接由用水主体向灌区管理单位提交，而不再通过乡镇收缴。然而，在当前沙洋县灌区管理的实践中，由村级组织充任支渠、斗渠管理主体依然是灌区末级渠系管理中的典型形式。

需要进行说明的是，在沙洋县的灌区中，当前只有极个别灌区的部分渠段具备对户计量配水的工程设施条件，在这些渠段具备了灌区管理单位与用水农户直接对接的可能。对于绝大多数的灌区和灌溉渠段来说，通过支渠、斗渠的管理主体，灌区管理单位才能够实现与用水农户的对接，而且在这个关联关系中，支渠、斗渠的管理主体作为"取水单位"的角色是非常重要的。村级组织充任支渠、斗渠管理主体的原因，很大程度上来自于行政体制施加的压力，村级组织在名义上是村民自治组织，但是实质上必须配合地方政府完成每年的抗旱任务，如此，在没有新的支渠、斗渠管理主体的情况下，村级组织不得不担负起这个责任。通过对沙洋县的实地考察，笔者发现由村级组织充任支渠、斗渠管理主体主要发生在以下几种情况之中：其一，进行支渠、斗渠经营管理的农民用水户协会解体，村级组织不得不接替之；其二，乡镇退出支渠、斗渠的管理以后，村级组织接替之，但是原先由乡镇管理的这部分末级渠系常常是跨村的，所以在这种情况下，村级组织的接替主要偏重于作为"取水单位"的角色，真正在渠段管理上的作用不大；其三，原先由村级组织管理的支渠、斗渠渠段，由于未产生新的经营管理主体而继续由村级组织管理。下面将通过一则案例，展现当前村级组织管理支渠、斗渠的情况。

曾集镇的 Z 村处于漳河三干渠灌区，灌区管理站配水以后需要通过仓库支渠输水至 Z 村实施灌溉。1995 年 9 月，漳河三干渠灌区的仓库支渠农民用水户协会成立，2009 年协会解体，此后 Z 村村委会不得不接替之，作为"取水单位"向三干渠取水，再配置给用水农户。

漳河三干渠灌区的仓库支渠农民用水户协会是沙洋县最早成立的农民用水户协会之一。仓库支渠农民用水户协会管理的渠系长8公里(硬化渠段只有200米)，渠道上的各类涵闸设施有近400处。协会负责为渠系沿途的4个行政村(Z村位于中下游)，共21个村民小组提供灌溉服务，涉及灌溉面积1.06万亩。

仓库支渠农民用水户协会的发展大致经历了以下几个阶段。

1995年至2002年，是协会运转状况最好的时期。这一时期，用水户协会在支渠上配水给各村组，再以村组为单位收取水费。用水户协会通过水费利润维持自身的运转，其支出主要包括协会成员的工资和水利设施的养护经费。由于仓库支渠的计量条件有限，协会并不是按照计量的方式向村庄收取费用，而是与村组协商"灌溉承包"的方式，即双方协商单位灌溉面积的价格，然后按照一定的总面积承担费用，协会保证村组获得足额水量。但是协会是按照计量的方式向三干渠提交水费的，协会的营利空间在于雨水充沛的年景，协会依然按照协商好的标准收取水费，而实际提供的灌溉用水量少。协会的经营风险在于干旱年景，协会也不得随意提高价格，由于提供的灌溉用水量多，甚至可能出现亏损局面。这一时期，由于协会负责支渠上的供水秩序，而使得该渠段的用水秩序改善，下游的村组不再需要到该渠段守水，这种模式因而受到了群众的欢迎。

2003年至2008年，是协会运转逐步陷入困境的时期，直至2009年协会会长请辞，协会的组织机构不复存在，协会实质上已经解散。农村税费改革以后，村集体不再固定向农民收取水费，水费必须按照"谁受益，谁出钱"的原则由农民据实承担，协会由此进入了对户计量供水的阶段。"对户供水"以后，协会在支渠上的配水效率降低，而配水的时间拉长，对于渠道质量本来就不好的仓库支渠来说渗漏就越多，协会的水方回收率越低，而协会"对户供水"的水价又受到相关部门的管制，这导致协会经营困难，长期处于亏损状态，直至2009年停止运行。

仓库支渠农民用水户协会解散以后，村民要继续依靠渠道输送的漳河水库的水实施灌溉，但是农户个体或联户型取水主体都无法直接向管理站买水，在这一背景下，沿途各村的村级组织不得不担负起向灌区管理站买水再配送给农户的任务。对于Z村的村干部而言，经营仓库支渠以实现对农户供水已经成为了当前最让他们头痛的工作，因为村级组织要先垫付资金向管理站买水，经过几公里的渠道输送才到达本村，进一步才能配水给农户并且收取水费，但是基本上Z村每年的水费收益均无法弥补成本支出，对这一渠道的灌溉管理已经成为了新的村级债务之源。Z村经营这一末级渠系的成本支出是极大的，原因在于同样受益于仓库支渠，并位于Z村上游的尚有2个村庄共5个村民小组的农田，这些区位的农民常常借助这一优势捡渠道渗漏水，甚至在下游灌溉时实施一定的偷水行为进行灌溉，由此Z村在放水的时节必须聘请劳力上支渠巡堤，这带来了更多的成本支出，而另一方面村级组织向农户配水时，其收取的水费价格是受到严格管制的，根据市水务部门出台的文件，对于末级渠系的经营主体，每方水的加价不得超过2分，Z村正是按照这个最高标准执行的，但是扣除水的方量损失，村级组织经营这一公共渠系便处于亏损状态。

2013年，Z村的灌溉工作出了一个小插曲，村里的一位老党员与村委会协商接管该村的灌溉供水事务，即由他承包经营支渠实施对户供水事务。但是，灌溉供水事务的难度显然超出了这位老党员的预期，在他接手以后的第一次灌溉中，由于灌溉秩序难以维持，他中途退场了，Z村村委会不得不再次接手作为该村向三干渠取水的"取水单位"。

Z村对支渠渠段的管理现状在沙洋县是极具典型性的，我们可以通过以下步骤简要描述村级组织开展支渠、斗渠管理的过程：首先，大多数的灌区都无法实现对户计量配水，必须依靠村级组织作为一个规模化的"取水单位"向供水单位取水，由此在灌区运转系统中，村级组织相当于支渠、斗渠管理主体[①]；其次，村级组织先向灌区管理单位交纳水费，获取相

---

　　① 支渠、斗渠管理主体的两大职责是：工程管理与用水管理，而用水管理最为重要的层面是它向灌区管理单位取水的基本单位，也是向灌区管理单位负担水费的主体。

应份额的水量；最后，村级组织再进一步对农户配水，并向农户收取水费。然而，由于村级组织不能有效地收取水费，这种支渠、斗渠的管理模式在经济上难以维持。一般情况下，村级组织会通过向地方政府申请抗旱补贴来弥补管理费用的不足，而一旦没有足额获得甚至没有获得补贴，相应的损失则转化成为新的村级债务。而这种支渠、斗渠的管理模式造成的直接影响是，村级组织在灌溉管理中欠缺积极性，他们由此也从一些方面鼓励村民自主通过机井实施灌溉。

五、农田水利的"公地悲剧"与"反公地悲剧"

沙洋县大部分属于丘陵地带，农田水利多是引、蓄结合或者引、蓄、提相结合的工程系统。山区、丘陵地区的灌溉系统，一般由三个部分组成：一是渠首引水、蓄水或提水工程，二是输水配水渠道系统，三是灌区内部小型水库、堰塘以及小型提水工程等。由于渠道系统似藤，灌区内部蓄水设施似瓜，故名长藤结瓜式灌溉系统。在长藤结瓜式灌溉系统中，灌区内部的堰塘、塘库(特别是小型水库)的作用巨大，它们能够有效地调蓄河流径流，通过"闲时灌塘，忙时灌田"增强灌区的抗旱能力。[1] 沙洋县境内灌区的堰塘、塘库数量极为丰富，堰塘、塘库的面积与蓄水能力一般都比较小，受益范围一般仅为单个村民小组或者少数几个村民小组。本书所指的"田间工程"主要包含这类小型农田水利工程，也包括田间渠系、提水设备等其他类型的小型农田水利工程。总体来看，21 世纪以来，沙洋县灌区的田间工程呈现"公地悲剧"与"反公地悲剧"两种利用局面。

(一) 农田水利利用中的"公地悲剧"现象

1968 年英国学者哈丁(Hardin)在《科学》杂志上发表《公地的悲剧》一文，文中提出"公地悲剧"的概念，它指的是"公地"作为一项资源或财产有许多拥有者，他们中的每一个都拥有使用权，并且没有权利阻止其他人使用，由于每一个人都倾向于过度使用，从而造成资源的枯竭。当前"公

地悲剧"常被用于描述和解释森林过度砍伐、渔业资源过度捕捞及水资源污染等现象。沙洋县的农田水利在田间工程的利用部分普遍呈现出"公地悲剧"的状况，其中最典型的表现：一是田间渠系"有人用，无人管"而迅速毁损的现象；二是公共堰塘的淤积、分割以及不能有效用水等现象。

在沙洋县，农村税费改革以前田间渠系的建设、管护是农村集体经济组织的职责，依托"共同生产费"制度和"两工"制度，农村集体经济组织可以有效地开展田间渠系的维修、除障以及其他的管理养护工作。农村税费改革以后，"共同生产费"制度和"两工"制度同时取消，虽然也有一些替代性政策制度出台，如"一事一议""民办公助"等，但由于村级组织很难再向农民收取相关费用，新的政策制度的实施带来的积极效果不明显。田间渠系基本上处于无人管理的状态，虽然在需要使用的时候，一些农户会根据自己的需要开展清淤等工作，不过这对于渠系的管理养护来说是远远不够的。近年来，沙洋县的灌区中田间渠系无人管护的状态及其带来的后续影响等问题已经相当突出，作为灌区"毛细血管"的田间渠系最近几年通过小型农田水利建设项目、土地综合开发项目、土地整理等项目获得了大量硬化改造的机会，但是很多经过硬化改造的田间渠道却由于缺少管护而迅速毁损，有些甚至在两三年内即毁坏殆尽。

"在基础设施维护上，直至1999年，乡村两级每年冬季都会组织农民进行水利建设，一般是第一年8月份开始，11月份开始实施，一直干到第二年4月份结束。内容包括沟渠清障、设备维修、堰塘清淤加固等，当时的口号是'渠见底、坡见新、两边杂草除干净、淤泥挑过分水岭'。工程全镇统一规划，以政府文件的形式，下达到每个村组。取消'两工'之后，集体再也无法组织农民进行基础设施维护。村干部说：'现在一锄一锹的工程，都需要付钱，不给钱，农民就不会去做。'失去群众的力量，乡村两级在基础设施维护上，只能无所作为。最终，'一年不清，杂草丛生；两年不清，蛇都难行；三年四年不清，小树成林'。现在，沟渠等基础设施因年久失修、遭受损坏，严重制约农户用水，在硬件上阻碍了农民与大型水利设施的对接,提高了农户与水管单位间的交易成本。"①

在沙洋县村庄中的公共堰塘俗称"碟子堰",这是一种形象的表述,因为这些堰塘的水面面积小,蓄水深度浅,一般蓄水能力在 1 万立方米以下。"碟子堰"是长藤结瓜式灌溉系统中"结瓜工程"的重要类型,位于灌溉系统的最末端,既能起到蓄水的作用,同时也是规模水利向田间输水灌溉的"中转器"——大中型水利向村庄集中供水时也会将"碟子堰"灌满,"碟子堰"的这部分蓄水在大中型水利的非供水时间对农田进行灵活的补充灌溉。农村税费改革以前,这类小型公共堰塘的管护责任明确到了村民小组,其中有一些由多个村民小组共用堰塘的则由受益的村民小组共同管理。每个村民小组一般安排有专门的 2～3 名管水员,在堰塘的管理上,这些管水员的任务主要是在雨季"编水入塘",完成蓄水任务;在灌溉季节则"编水入田",将堰塘中蓄积的水分配到田间灌溉。村民小组还会在农闲时节组织劳力对堰塘进行清淤、堵漏等养护工作。农村税费改革以后,随着"两工"制度的取消、村民小组长职位的取消,针对这部分堰塘的管理规则不再实施,堰塘管理迅速走向了"用水无序"、破损以及遭遇分割等局面。下面是笔者在调研中了解的公共堰塘利用的几类典型状态。

1. 类型一:"公堰漏,共马瘦"

沈集镇 S 村三组的农民用"公堰漏,共马瘦"描述当前公共堰塘的使用情况。村民表示三组的堰塘基本都已经"分到户"了,这指的是小组内的堰塘已经自主化"确权"了,虽然没有国家法律制度确立的产权认证,但是村民相互之间对于堰塘的"所有权人"都是清楚并认同的。2012 年,湖北省开展"三万"活动②期间,该组获得了修建堰塘的援助,建成两口分别

---

① 桂华.水利中的集体、个人与合作——沙洋县沈集镇农田水利调查报告[R]//贺雪峰,罗兴佐.中国农田水利调查——以湖北省沙洋县为例.武汉:华中科技大学中国乡村治理研究中心,2010:205.

② "三万"活动是中共湖北省委、省政府开展的以农村发展为主的活动,第一轮"三万"活动于 2011 年启动,为期三个月,活动内容是"万名干部进万村入万户",第二轮"三万"活动于 2012 年启动,活动内容是"万名干部进万村挖万塘",活动于 2012 年 4 月 5 日结束。

占地 5 亩左右的堰塘,每口可供 4～5 户农户进行农田灌溉。但是到每年的灌溉时节,这两个"公堰"都是最先"见底"的,农户都希望尽快将公共堰塘的水转到自家农田灌溉,因为水量是有限的,没有严格的用水规则,农户则遵循"先取先用"的一般准则。而经常"见底"的堰塘也是损坏速度最快的一类堰塘,原因是干涸的堰塘的堰堤在高温天气中容易开裂,没有及时有效的修复,这些堰塘很快就会丧失蓄水能力。

2. 类型二:堰塘"封刵"行动

沙洋县的农村在税费改革后不久就掀起了一股堰塘"封刵"行动。在堰塘的基本结构中,"刵"是重要的组成部分,它是设置在堰堤底部控制堰塘出水的装置。堰塘一般建设在地势相对较高的位置,通过开"刵",堰塘中的水自流灌溉下游农田,也可以通过水泵提水灌溉上游农田。农村税费改革以前,堰塘的"刵"由管水员根据灌溉需要控制开关,而改革以后,"刵"成为了每个人都可以随意开关的设备,因此常常出现"有人开'刵',无人关'刵'"的情形,这导致堰塘的蓄水大量被浪费。于是,村庄掀起了"封刵"行动,村民用水泥将刵口封死,堰塘从此失去自流灌溉的功能,这意味着即使是与堰塘相邻的下游田块,当前也必须通过潜水泵输水入田灌溉。"封刵"行动在公共堰塘中的发生率极高,在笔者实地考察的村镇只存在极个别尚未封"刵"的堰塘。

3. 类型三:被分割的堰塘

目前沙洋县的公共堰塘普遍被分割成了"私家"小堰。沈集镇 Z 村五组的彭学金曾与其他 2 户共用一口堰塘,2005 年,3 家人因为用水不平均,发生争吵。后来,3 家在里面建了 2 个堤坝,将一口面积不足一亩的堰塘分成 3 个小堰,分别属 3 家所有。还有农户在公用的堰塘中,挖掘小"洞子",即在堰底围起一个小堤坝。水深的时候将小堤坝淹没了,堤坝以上的水面属于共用;水浅的时候,水面就被切割成一个个小堰,小堤坝以内的水属于私人所有。如章子堰内部被挖掘了 18 个小"洞子",其中四组2 个、五组 8 个、六组 8 个。W 村的一个堰被分成 9 个小"洞子",因为当地人喜好打麻将，所以这口"碟子堰"又被称为"九筒"（即麻将牌中的"九饼"）。[①]

（二）农田水利利用中的"反公地悲剧"现象

"反公地悲剧"是美国经济学家黑勒教授（Michael A. Heller）在1998年提出的理论模型。"公地悲剧"说明了人们过度利用公共资源的恶果，"反公地悲剧"则表达了资源未被充分利用的可能性。在公地内，由于存在很多权利所有者，为了达到某种目的，每个当事人都有权阻止其他人使用该资源或相互设置使用障碍，而没有人拥有有效的使用权，导致资源的闲置和使用不足，造成浪费，此即是"反公共地悲剧"。在沙洋县田间水利工程的利用中，"反公地悲剧"的发生也是普遍的，公共堰塘由于无法达成合作修复意见而荒废闲置是最为典型的表现。

在沙洋县的调研中发现，除了被分割的堰塘这一类情形外，荒废、长满芦苇、杂草的堰塘是另一类常见的情形，在这类情形中，受益农户中的部分或者全部都有修缮堰塘的意愿，但是由于修缮堰塘的成本分担意见无法达成一致，导致修缮活动无法开展，久而久之，这类堰塘便无法再进行蓄水灌溉。不仅如此，即使出现少数人愿意多出资甚至个体愿意全面负担修缮成本的情形，堰塘修缮活动往往也无法达成，原因是地方性的共识表明出资修复行动也是产权宣告行动，一旦个别或少数农户包揽了公共堰塘的修缮责任，在后期常常形成实质意义上的"私有产权"性质的堰塘，其他农户对该堰塘的使用失去了"合法性"（地方性认识）。最近几年，国家财政加大了对小型农田水利工程建设的投入，这些投入一般以"民办公助""以奖代补"的方式实施，获批的建设项目一般由受益主体先行出资建设，建设成果经过验收后，财政资金以补贴的方式下达。然而，农户就自主负担的部分无法协商达成一致时，往往只能放弃项目申报，而公共堰塘的利用状况则持续恶化。

---

① 桂华.水利中的集体、个人与合作——沙洋县沈集镇农田水利调查报告[R]//贺雪峰，罗兴佐.中国农田水利调查——以湖北省沙洋县为例.武汉:华中科技大学中国乡村治理研究中心，2010:199.

第三节　农田水利治理困境解析

农田水利的市场化、社会化改革并未达到预期的效果,不仅灌区末级渠系陷入了治理困境,也进一步带来了灌溉发展的整体困境。改革未达到预期的效果,是由于改革推进得不够,还是由于改革措施本身的"水土不服"? 这一设问提出了对灌区末级渠系治理困境进行解析的要求。

本节对灌区末级渠系治理困境的解析以对沙洋县农田水利发展的经验考察为基础,这一解析在以下线索中展开:首先是对各经验现象之间的逻辑关系展开分析,灌溉系统中各工程的关联性表明了对它们的治理困境之间的关联性进行考量的必要性。进一步,基于对经验现象的逻辑关系分析,展开对灌区末级渠系治理的矛盾关系分析。

一、微型水利瓦解规模水利之路

上文对沙洋县农田水利发展状况的描述表明,农村税费改革以后,水利工程管理体制改革的实施并没有带来理想的效果,井堰式的微型灌溉系统兴起,大量的小型灌溉系统全面瓦解,大中型灌溉系统灌溉面积逐年萎缩,本书用"微型水利瓦解规模水利"概括这一农田水利发展变迁的过程。经考察发现,这种微型水利瓦解规模水利的过程,大致经历了村民小组用水结构解体、微小型灌溉系统兴起和微型水利瓦解规模水利三个发展阶段。

(一) 村民小组用水结构解体

农村税费改革以前,农村集体经济组织负责管理村庄灌溉事务,其中村民小组位于灌区的最末端,是灌区管理中的基本灌溉单元。村民小组开展基本灌溉单元的管理最核心的规则是"共同生产费"制度,灌溉管理的成本主要是水费、其他取水成本以及相关工程的管理养护成本,灌溉管理的总成本通过"共同生产费"的征收进行负担。准确地说,征收的"共同生产费"用于各种类型的共同生产事务开支,灌溉管理是其中最主要的支出部门。然而，农村税费改革以后，随着"共同生产费"制度以及"村民小组组长"职位设置的取消，村民小组开展基本灌溉单元管理的模式解体了。此后的政策鼓励通过社会化、市场化的方式来重建基本灌溉单元管理模式，但基本上都未获得成功。

1. 协会模式有多难

先看一则案例[①]。

2014年8月6日，刘跋村十组的几个农户到乡镇上访，反映该组电力扩容的问题，实际上这已经不是他们第一次为此事到乡镇上访了。乡镇镇长表示刘跋村的这个问题是个老问题，每年抗旱时节他们都会多次到乡镇反映这个问题。

这几位农户反映的问题是，刘跋村十组（大约涉及20户农户）目前用电困难，原因是早前电线架设的时候并没有考虑到村庄的用电需求会随着农户家庭抗旱设备的增加而迅速增加。由于电力容量不够，抗旱时节小型潜水泵不能正常使用，甚至农户的家用电器也无法正常使用。

乡镇镇长表示，刘跋村十组电力扩容问题的解决大约需要3000元的资金，农户希望乡镇全面帮助解决这个问题，乡镇曾经试图与农户协商，由农户出资一部分、乡镇补贴一部分来解决这个问题。乡镇表示愿意补贴一半的费用，另一半的费用要求农户自筹，这意味着每户农户需要筹资75元。来上访的几位农户则表示，愿意达成这个协议，但是要求乡镇先全面出资，待秋收以后，农户再交钱。镇长表示，农户的这一说法是一种权宜之计，如果真的实施，农户不可能再上交应属于其自筹的费用，所以协商一直未能达成一致。镇长表示，在当前的农村，要求农户自筹资金解决问题几乎是不可能的，以刘跋村的这个事情来说，20户农户只要有一户不愿意交钱，整体的筹资计划就不可能实施。

刘跋村十组，通过自筹部分资金解决改组电力扩容的问题可以看作

---

① 这是笔者2014年8月6日在沙洋县高阳镇调研时遇到的案例。

是一次开展公共事物自主治理的尝试,虽然最终结果并未成功。可以设想到的是,即使该组的农户都意识到了电力扩容是对自己有益的,甚至达成了筹资的决议,但是总有少数人,甚至只是个别人不愿意交钱,他们设想,即使他们不交钱,待扩容改造完成以后自己仍然可以受益,所以筹资收费是一个无法解决的难题。即使村民小组推选出几个负责人来处理此事,面对不愿意交费的农户,这些负责人也束手无策,而当前村庄舆论也难以对不愿交费的人产生"惩罚"效力,这也就是说,这样的一次自治行为由于无法治理内部的"搭便车"行为而宣告失败。

在沙洋县,村社组织退出灌溉管理以后,一些村庄试图组建用水、用电协会作为替代,然而这一尝试很快就失败了,这与上述案例所表现出的逻辑完全相同。用水、用电协会对于协会内部用水而不交钱的农户毫无约束能力,协会向规模水利购买所取得的水量到达村民小组的农田以后通过串灌、漫灌的方式实施灌溉,不交钱的农户依然可以获得灌溉服务。由于无法有效治理"搭便车"行为,曾经在沙洋县出现的以村民小组为单位成立的用水、用电协会的灌溉管理模式很快就消失了。

2. 合作规模难扩大

虽然用水、用电协会的尝试不成功,农户在取水事务上的小范围合作却普遍存在。有些大中型水利工程的管理单位在农村税费改革以后开始实施对户计量供水,农户则形成"联户"结构从管水站买水,联户规模一般是2~5户,最大规模也不过10户,联户构成了一个新的取水单位。联户的优势在于可以协调农户家庭灌溉与田间劳作事务之间的关系,原因是取水主体自管水站"接水"以后还要经过一段渠系水流才能够达到农田实施灌溉,为防止垮堤水损和偷盗水损渠系,"守水"就变得尤为关键,但是由于灌溉与农作常常需要同时进行,以家庭为单位取水可能会发生灌溉与农作劳力分配之间的矛盾,通过联户,上游田块的农户灌溉时下游农户负责"守水",下游田块的农户灌溉时上游农户负责"守水",灌溉与农作的劳动力由此获得了良好的协调。

与用水、用电协会不同，联户以所有成员完全自愿为基础，这意味着对于联户的成员来说，要合作就必须履行约定的义务，要么就不合作，一旦愿意合作而又不履行约定的义务，合作即刻宣告失败。换句话说，在联户取水的模式中，要么不会产生搭便车行为，要么一旦产生，合作关系便破裂，联户行动本身就不成立了，这也就是说联户不用面对治理搭便车行为的难题。然而，联户在规模上却难以扩大，对于灌区水管单位而言，联户类似于一个需水量稍大的家庭用水户，灌区"对户配水"的格局并未根本改变，配水效率难以提高的问题也并未真正获得解决。而合作规模难以扩大的根本原因在于合作协商的成本太高，以下案例中农户的说法即是生动的体现。

2014年，沙洋县连续五年遭遇大旱，但对于高阳镇农户来说，当年的抗旱工作他们拥有相当的优势，原因是更新改造后的大碑湾泵站（中型灌区）开始重新投入使用了，而该镇恰好位于大碑湾泵站灌区的最上游，他们可以方便地自大碑湾泵站取水灌溉。2014年8月，笔者在沙洋县调研期间参与并观察了高阳镇的抗旱活动，8月5日镇长在巡视大碑湾泵站的提水情况时，在路途中遇到一户正在为灌溉犯愁的农户。

农户说："看着渠道（已经硬化的配水渠道）里有水，但是到不了我田里。我的田要从这条渠的第一个涵洞放水，涵洞长久不用已经塌陷堵塞了，水在渠道里却放不过来。"

镇长问："你的田在哪里？"

农户向镇长指了其田块所在的位置，距离渠道有100～200米的距离。

镇长建议："能不能自己架设潜水泵到渠里抽水？"

农户答："这边以前一直是从涵洞放水的，现在用潜水泵，需要从远处拉电线过来，成本太高了。"

镇长建议："能不能和你田挨着的农户合伙搞？"

农户答:"我和他联户从涵洞放水,我是愿意的。但是,要一起用潜水泵抽水我不想搞,这种讲伙(即'合伙')到时候肯定是要扯皮的。"

(镇长就农户的话向笔者做了一番解释:联户放水,事情比较单纯,责任很容易划分清楚;一起用电力提水,涉及电线、电费、潜水泵、水管等责任分担,单单这些项目要协商清楚就很难,而抽水过程中还有大量不可预知的突发情况,一旦这些情况事后协商不成,两家就要起纠纷。这就是农户不愿意合作的原因。)

(二) 微小型灌溉系统兴起

农村税费改革以后,沙洋县的灌区末级渠系的发展中最为突出的表现是灌溉机井的兴起,灌溉机井成为了田间工程的新类型。由于缺少政府的规划、审批与监管,这种兴起是无序化的。

1. 灌溉机井兴起的过程

很多农户将自家打的机井称为"怄气井",原因是农户常常是基于怄气才选择了放弃原先的灌溉方式而打井的。农村税费改革以后,村社组织退出了灌溉管理,但不论是大中型的水利工程,还是具有一定规模的小型水利工程,都难以以户为用水单位供水,水利工程的这一基础特征要求农田水利的基本灌溉单元组成一个用水单位,从而使供用水关系对接起来。沙洋县试图通过鼓励组建用水、用电协会作为取水单元来解决这一难题,然而正如上文所述,这一尝试最终以失败告终。少数工程设施条件好的灌区则尝试着"对户配水",在这种供用水模式中,上游农户可以直接针对下游农户实施侵权行为,原因是大量的灌区田间渠系并不发达,采用漫灌形式时,水流要从上游田块串到下游田块,只要下游买水,上游就可以少买水甚至不买水即可实现灌溉,这种用水成本分担上的不公平是下游"怄气"的根本原因,也是下游通过打机井退出原先的灌溉系统的根本原因。

调查表明,沙洋县的灌溉机井自 2004 年左右开始兴起,大量的村庄在 2010 年前后已经实现了全面的农田机井化灌溉,村庄中一户一井、一户多井的情况极为普遍,此后灌溉机井的增长速度急速下降,这意味着灌溉机井的建设已经逐步达到了饱和状态。

沙洋县无序化的灌溉机井的兴起过程呈现出一些特征。首先,大中型灌溉系统的末端成为最先实施打井灌溉的区域。以官垱镇为例,由于大量农田处于漳河三干渠四分干的末端,2000—2002年连续3年的干旱中,不少村庄都没能取用到漳河水库的供水,2003年全镇掀起了第一次打井高潮,截至2008年,根据官垱镇政府的不完全统计,全镇已经有灌溉机井1100余口[1],其中只有极少数是国家农业与水利建设项目实施的,绝大多数由农户自主建设。其次,机井建设的模仿效应极强。通常一个村民小组开始有农户打机井后,两三年之内就几乎呈现户户有机井的状态,当然也有一些农户可通过取用港沟等地表水源灌溉而无须建设机井。最后,井深尺度逐渐加大。村庄早期取用生活用水的水井井深一般为15～20米,灌溉机井建设初期井深普遍是30～40米,后逐步发展到60～80米,当前已经有少量的灌溉机井井深超过100米。井深加大的主要原因是随着灌溉机井数量的增多,深度较浅的地下取水层很快就面临无水可取的局面,为了确保有水可取,用水户在机井建设的深度上形成竞争。一般情况下随着新建机井深度的加大,浅层的机井会更快速地出现无水可取的状况,在官垱镇的黄金村,2004年该村在引水工程项目的援助下建成了20～30米深的吃水井135口,由于同时期该区域建成了大量更深的灌溉机井,这批吃水井中的绝大多数使用一年后即成为枯井。[2]

2. 井堰式微型灌溉系统的形成

机井建成以后,只有少数情况是从机井直接提水到农田灌溉的,大多数的情况都是先从机井提水至堰塘,再从堰塘分水(提水)到农田灌溉,本书将这种灌溉系统称为"井堰式微型灌溉系统"。具体来说,井堰式灌溉

---

[1] 王会.沙洋县官垱镇农田水利调查[R]//贺雪峰,罗兴佐.中国农田水利调查——以湖北省沙洋县为例.武汉:华中科技大学中国乡村治理研究中心,2012:313-314.

[2] 王会.沙洋县官垱镇农田水利调查[R]//贺雪峰,罗兴佐.中国农田水利调查——以湖北省沙洋县为例.武汉:华中科技大学中国乡村治理研究中心,2012:315.

系统一般由机井、堰塘、小型潜水泵、塑料水管以及灌溉农田等几个部分组成。这种灌溉系统灌溉的过程是先从机井提水自堰塘,再自堰塘利用潜水泵和水管向田间输水。井堰式灌溉系统的受益主体一般是个体农户,其灌溉面积一般是农户家庭承包经营的土地面积,以10～30亩的规模为主,因而它只能算作是一个微型的灌溉系统。

在这一灌溉系统中,关于堰的必要性,当地农民的说法是不一的:一种说法是井水太凉,需要在堰塘中储存调试温度后再实施灌溉;另一种说法是井水中的一些物质含量不适合稻作物生长,需要在堰塘中沉淀后再灌溉;再一种说法表明这是由于村庄的电力条件的限制所决定的。具体来说,电力是水利系统最基础的物质条件,不论是自机井提水还是自堰塘提水,都需要通过电力型潜水泵实施,而电力的质量,特别是电压的高低、稳定程度直接影响潜水泵的工作效率,但是村庄的电力系统在设计之初主要是针对农民生活用电设计的,而面对当前生产用电的需求,电力基础设施常常是不能满足需求的。在灌溉时节,大量的电力潜水泵同时运转[①],电压过低成为普遍状况,农户表示电压低于额定情况时,潜水泵的出水量甚至不及额定电压情况下的一半,所以堰塘的作用主要在于错开用电高峰期,提升机井的出水效率,在农田集中灌溉以前打开机井设备提水到堰塘储存,避免用电高峰时期机井出水不足。

(三)微型水利瓦解规模水利

在这里有必要对规模水利这一概念进行解释。1981年的《灌区管理暂行办法》在规则设立时,首先区分的是国家管理的灌区和社队集体管理的灌区,并表明《灌区管理暂行办法》是直接针对国家管理的灌区的规则设定的,社队集体管理的灌区可以参照执行,而这两类灌区区分的主要标准是灌区规模。在《灌溉与排水工程设计规范》(GB 50288—1999)中,对蓄、引、提工程及渠道和渠系建筑物进行了细致的等级划分,根据技术指

---

① 在对沙洋县水务局的调研中了解到,2013年根据该县电力局提供给水务局的数据资料可知,灌溉期间的用电最高峰,全县约有10万台小型潜水泵同时运转。

标区分大型、中型和小型水利工程。本书所称的规模水利是相对于"微型灌溉系统"的概念，在实践中，微型灌溉系统的兴起影响到了相对规模化的水利系统的发展，这些水利系统不仅仅是大中型的灌区，而且在农村改革以后由乡镇或村管理的小型灌区也受到了影响，本书将这些相对规模化的水利系统称为"规模水利"，这个概念并未参照水利工程的技术指标。所谓微型水利瓦解规模水利，指的是实践中由于微型水利系统的兴起，导致规模水利的发展陷入恶性循环的状态。所谓微型水利瓦解规模水利，不仅仅是对微型水利兴起而规模水利灌溉面积缩小的描述，而且也是对二者之间发展状态的关联性的描述。

首先，井堰式灌溉系统兴起以后，与规模水利构成竞争关系，规模水利灌溉供水的收益由此减少，进而影响规模水利的运行。井堰式灌溉系统兴起以后，规模水利的供水量受到很大影响，因为农田灌溉所需要的灌溉水量是基本稳定的，通过微型水利取水后，向规模水利取水的水量自然减少。并且基于井堰式灌溉系统的灵活性，其一旦建立起来，就转化成为了农户的灌溉首选，在沙洋县井堰式灌溉系统的兴起区域，农户主要通过这一微型水利取水，只在极端干旱的情况下向规模水利补充取水。而对于规模水利而言，水费收入是其运转的重要甚至是最主要的经济来源，水价标准低，再加上供水量大幅度减少，规模水利不可避免地陷入经济运转的困难之境。以沙洋县 7 个中型水库灌区来看，目前有 6 个处于负债状态[①]，这些负债均以几十万上百万元计。这些中型水库灌区全部归属县一级管理，由县水利局设立水库管理处作为专门管理机构，但是自2002 年水利工程管理体制改革实施以后，水库管理处属于只有事业单位编制而无财政资金支持的单位，对于水库管理处性质的习惯性表述是"事业单位，企业管理"，水库管理处需要通过水费收入及开展多种经营创收以支付工作人员的工资与福利。然而农村税费改革以后，水库灌溉面积

---

① 金鸡水库是沙洋县当前唯一不负债运行的中型水库，这与金鸡水库良好的地理优势直接关联。由于水库距离国道很近，交通便利为该水库带来了商业优势，通过开展网箱养殖、农家乐等项目，该水库创造了丰厚的多种经营收入。

急速萎缩,水库管理处水费收入减少,外加大多数水库的多种经营收入也极其有限,而水库管理处除了要支付工作人员[①]的工资,还需要为工作人员缴纳养老保险,目前仅养老保险费用缴纳一项已经给水库造成了沉重的债务负担。

　　其次,受灌溉技术及其他相关因素的影响,井堰式灌溉系统的兴起还加速了规模水利灌溉面积的缩减。井堰式灌溉系统兴起以后,农户不再积极向规模水利申报用水需求,虽然在干旱严重的年景,他们最终需要通过规模水利补充灌溉,但是干旱情况的不可预期性及相关水情、墒情的复杂性使得农户在申报用水需求上缺乏科学的决断能力,他们寄希望于仅仅依靠机井就满足农田灌溉需求。目前村社组织一般不会主动介入灌溉管理,所以他们也不会积极地向规模水利申报用水计划。而对于规模水利而言,灵活性的缺失是它的一个基本特征,这就是我们在实践中看到的规模水利一般要求用水需求达到一定的标准之后才实施供水,这很大程度上是技术条件决定的,比如在自流灌溉系统中,流量要达到一定的标准才能够实施配水。井堰式系统兴起的区域本身欠缺向规模水利申报用水需求的积极性,其他的区域在用水计划的申报上也有不积极的表现(上文已经进行了说明),规模水利由此不得不推迟供水时间,因为推迟供水时间,灌区的干旱程度加重,用水需求的申报量随之增加,这才逐步达成了规模水利供水的相关技术指标。然而,规模水利的配水效率降低,外加延迟了供水的时间,这极易导致渠系下游的农户无法及时获得灌溉用水的情况,这就是农户常说的"交了钱,也买不到水"的局面。这增加了灌区末端、渠道下游的农户脱离规模水利灌区的动力,整个灌区的发展由此陷入恶性循环。在沙洋县,漳河水库灌区在这个问题上的表现是最为突出的,一方面农户抱怨水库管理机构迟迟不向灌区供水,另一方面灌区管理单位又表示用水需求不达到一定的规模标准,漳河水库根本无法开闸供水。

---

　　① 沙洋县中型水库管理处的工作人员规模一般是4～5人。

二、灌区末级渠系发展的基本矛盾：取水主体矛盾

目前的研究认为，当前小型农田水利发展主要存在两个问题：一是小型农田水利发展面临投入不足的问题，二是小型农田水利尚未形成科学的利用管理制度的问题。上述判断具有普遍性，农田水利的发展总体来说就是要解决建设与管理的问题，当前的农田水利政策也正是要着力解决这些问题。而本书的分析表明了取水主体矛盾是灌区末级渠系发展中的基本矛盾，实践经验表明，这一基本矛盾得不到解决，包含灌区末级渠系在内的农田水利工程即使建设得相当完备，也难以实现有效灌溉。

（一）取水主体矛盾的内涵

微型水利瓦解规模水利的经验机制分析表明，现阶段我国农田水利的发展困境，不论是灌区末级渠系的治理困境，还是灌区整体的困境，其源头性的原因是基本灌溉单元治理组织结构的解体。基本灌溉单元治理组织结构解体以后，灌溉系统的末端无法形成一个有效的取水单位向规模水利取水，灌溉的供给与需求无法有效对接，进而导致微型水利的兴起，并进一步带来了规模水利的瓦解等问题。本书由此提出了取水主体矛盾这一灌区末级渠系发展的基本矛盾的观点。灌区末级渠系发展中的取水主体矛盾指的是，灌溉系统的有效配水对取水单位的诉求与灌区末级渠系治理无法形成取水单位的现实之间的矛盾。

之所以存在灌区末级渠系发展中的取水主体矛盾，是因为我国的规模水利无法向耕种小规模土地的农户直接配水。在灌溉系统中，灌溉用水一般要经过若干层级的渠道输送才能到达农田进行灌溉，在我国小农经济的基本农业发展背景下，即使是单位农渠也会涉及大量灌溉农户，由于农渠上的配水设置排他性的成本过高，我国的规模水利实际上是无法向个体农户进行排他性供水的。这就正如上文对"对户配水"难题的描述中所展现的，一些基础设施条件好的渠段在"对户配水"的实践中也出现了"用水计划"传达体制不明、排他性难以设置带来的水费收取困难以及配水效率损失等问题，而大多数渠段目前根本不具备对户计量配水的

能力。

规模水利"对户配水"的难题有两条可能的解决路径,其一是规模农业,其二是工程的技术化改进,但是这两者在我国农业发展的现阶段均难以实现。预计到 2030 年,我国出现 15 亿左右的人口数峰值时,根据预期 70％左右的城镇化率,我国仍将有 4.5 亿规模的农业人口,这也意味着农户耕种小规模土地将仍然是我国农业生产的主导模式。从理想化的角度来说,灌溉用水通过工程技术的投入也可以实现,如城镇生活用自来水的供给,即实现完全的计量化与排他化,如此则将规模水利"对户配水"的难题完全消解。事实上,目前的喷灌、滴灌设施已经达到了这样的技术标准,甚至管道化输水也可以基本达到"对户配水"的技术标准,但是在我国农业与经济社会发展的现阶段,还难以在农田水利领域广泛进行这样高规格的技术工程投入。也就是说,在我国农田水利发展中,规模水利"对户配水"的难题还将长期存在,如此,灌区末级渠系治理中的取水主体矛盾则需要引起足够的重视。

(二) 取水主体矛盾的发生

灌区末级渠系发展中的取水主体矛盾是在农村税费改革以后产生的。在农村税费改革以前,村庄的灌溉事务由农村集体经济组织统一经营,村社组织构成了灌溉系统中基本的取水单位,这个取水单位能够与规模水利形成有效的对接,因而当时并未产生灌区末级渠系发展中的取水主体矛盾。农村税费改革以后,随着"共同生产费"制度的取消、农村集体土地的物权化改革以及农村双层经营体制政策内涵的调整,农村集体经济组织迅速退出了村庄的灌溉管理领域。农村集体经济组织退出村庄灌溉管理以后,新的、能够充任有效取水单位的灌溉管理主体又尚未形成,才发生了灌区末级渠系发展中的取水主体矛盾。

有趣的是,早在 20 世纪 90 年代中期,我国就开始了农民用水户协会建设试验,在灌区管理中设置农民用水户协会这一主体,本身就是为了解决规模水利供水与个体农户需水的对接问题。然而,在当时的改革试验中,农村集体经济组织对村庄灌溉事务的管理并没有被农民用水户协会的灌溉管理所取代,两种管理模式嵌入式发展,形成了农村集体经济组织依然对基本灌溉单元进行管理,而农民用水户协会对公共配水渠系进行管理的局面。更为具体地说,一般情况下都是由农民用水户协会充当支渠、斗渠渠段的管理主体,而农村集体经济组织形成对农渠及以下田间工程的管理。虽然在形式上是由农民用水户协会与灌区管理单位达成供用水合同关系,但是实质上依然是通过农村集体经济组织来解决规模水利与个体农户对接的问题,因为农村集体经济组织才是实体意义上的取水单位与水费负担主体。所以,这一时期的农民用水户协会建设实践并没有真正起到解决取水主体矛盾的作用。

农村税费改革以后,解决规模水利与个体农户用水对接困境的政策思路是明晰的,即组建用水户协会等多种形式的农民用水合作组织。不过政策实践结果显然并不理想,农民用水户协会真正能够发挥作用的不多见,许多协会的组建都旨在满足行政体系的工作任务考核,因而只具有形式意义。总体来说,农民用水户协会等农民用水合作组织的建设,未能有效解决我国灌区末级渠系发展中的取水主体矛盾。

第四章 农田水利的性质再认识

在小农经济形态下,基本灌溉单元涉及若干户农户的灌溉面积,由于基本灌溉单元农田水利工程的总体性以及非排他性,基本灌溉单元的农田水利工程就是一个公共治理(管理)空间,这是小农经济格局下,我国灌区末级渠系的特殊性质。

不可否认的是,市场化、社会化应当是灌区末级渠系发展改革的基本方向,农村税费改革以后,基层组织已经大幅度退出了灌区末级渠系的治理领域,现如今试图通过行政措施来对点多、面广、量大的灌区末级渠系工程进行治理几乎是不可能的,因为制度成本过高。与此同时,市场化、自组织等理论在小型农田水利的治理领域具有明显的适用性。而上文对灌区末级渠系治理困境的描述与解析表明,这一现实困境的发生主要并不是因为相关理论准备不足,而在于理论应用缺乏灵活性,更根本的原因还在于当前的治理政策对灌区末级渠系的性质把握不够,特别是缺少灌区系统性的视角。

第一节　灌区末级渠系的工程体系

作为本书研究对象的灌区末级渠系,指的并不仅仅只是灌溉系统末端的若干渠道工程。与其他对水资源进行开发利用的系统不同,农田水利是对水土资源进行综合利用的系统,该系统工程分布的空间范围广泛,工程系统复杂,工程类型多样化。在规模化的灌溉系统中,水资源从水源地到达耕地要经过若干层级的输、配水工程才能够实现灌溉,所以如果是在灌溉系统的末端,只有相关的渠道工程、配套工程、田间工程协同运转才能够顺利开展灌溉工作。而为了实现灌溉的经济性与安全性,一些灌区还可以对多个水源进行综合利用,从而进一步增加了灌溉系统末端工程的复杂性,在系统末端甚至还可能包括一定的小型水源工程。可见,农田水利的"最后一公里"不仅仅只是灌区末端的渠道工程,本书用"灌区末级渠系"来总体表述灌溉系统末端涵盖的所有相关水利事务,大体包含了规模水利的末级渠道及相关的配套工程、田间工程、水源工程等内容。

一、灌溉系统

灌溉系统是指从水源取水,通过渠道及其附属建筑物向农田供水、经由田间工程进行农田灌水的工程系统，灌溉系统由渠首工程，输、配水工程和田间工程三部分构成。在现代灌区建设中，灌溉渠道系统和排水渠道系统是并存的，两者互相配合，协调运行，共同构成完整的灌区水利工程系统，如图 4-1 所示。[①]

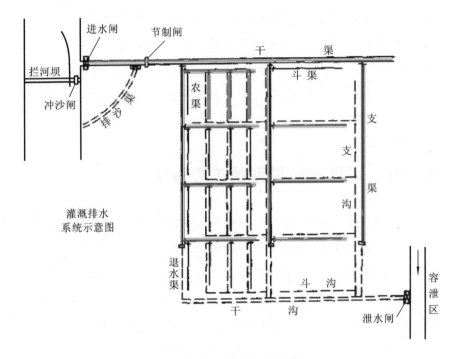

图 4-1　灌溉排水系统示意图

（一）灌溉渠道系统

依据农田水利学渠系工程布置的基本原理可以对各层级的渠道进行简要的描述。

1. 灌溉渠系的组成

灌溉渠系总体上由各级灌溉渠道与退（泄）水渠道构成。依据使用寿命的不同，灌溉渠道可区分为固定渠道与临时渠道两种，其中前者是多年使用的永久性渠道，后者则是使用寿命小于一年的季节性渠道。依据控

---

① 郭元裕.农田水利学[M].北京:中国水利水电出版社,2007:87.

制面积大小和水量分配层次,灌溉渠道可以进行等级区分:大、中型灌区的固定渠道一般包括干渠、支渠、斗渠、农渠四级;地形复杂区域内的大型灌区,固定渠道的级数则要更多一些,比如干渠再分为总干渠、分干渠,支渠下设分支渠,斗渠下设分斗渠等;相反,小型灌区固定渠道的级数相对较少。农渠以下的小渠道是季节性的临时渠道。

2. 干渠、支渠

由于地形条件的差异,干渠、支渠会呈现不同的分布形态,主要类型如下。

(1) 山区和丘陵区灌区的干渠、支渠。在这种类型的区域一般需要从河流上游引水灌溉,并且输水距离较长,这些要素塑造了这类灌区干渠、支渠的基本特征:渠道高程较高,比降平缓,渠线较长而且弯曲较多,深挖、高填渠段较多,沿渠交叉建筑物较多。这类灌区的渠道常和沿途的塘坝、水库相连,形成长藤结瓜式灌溉系统,这种布置可以增强水资源的调蓄利用能力,进而可以提高灌溉工程的利用率。

(2) 平原区灌区的干渠、支渠。这类灌区干渠多沿等高线布置,支渠垂直等高线布置。

(3) 圩垸区灌区的干渠、支渠。这类灌区的干渠多沿圩堤布置,灌溉渠系通常只有干、支两级。

3. 斗渠、农渠

斗渠、农渠是与农业生产直接关联的渠系。斗渠、农渠在规划建设时除了要满足渠系规划的一般原则[①],还要求满足以下条件。

---

① 灌溉渠系规划的原则主要包括7个方面:a.干渠应布置在灌区的较高地带,以便自流控制较大的灌溉面积;b.布置使得工程量和工程费用最低;c.灌溉渠道的位置应参照行政区划确定,尽可能使各用水单位都有独立的用水渠道,以利于管理;d.斗渠、农渠的布置要满足机耕要求;e.要考虑水资源的综合利用;f.灌溉渠系规划应和排水系统规划结合进行;g.灌溉渠系布置应和土地利用规划(如耕作区、道路、林带、居民点等规划)相配合,以提高土地利用率,方便生产和生活。参见:郭元裕.农田水利学[M].北京:中国水利水电出版社,2007:88.

（1）与农业生产管理及机械耕作要求相适应。

（2）方便配水、灌水，促进灌溉工作效率的提升。

（3）形成灌水和耕作的紧密结合。

（4）使土地平整的工程量减少。

斗渠的长度和控制的灌溉面积在地形不同的灌区呈现差异性：山区和丘陵地区的斗渠较短，其控制的灌溉面积较小；平原地区的斗渠较长，其控制的灌溉面积较大，北方平原地区有些大型自流灌区中的斗渠长度达 3～5 km，控制的灌溉面积达 3000～5000 亩。

农渠是末级的固定渠道，其控制的灌溉面积是一个耕作单元。农渠长度主要是依据机耕要求确定的，在平原地区农渠的长度一般是 500～1000 m，各农渠间距为 200～400 m，单位农渠控制灌溉面积 200～600 亩。不过，山区和丘陵地区的农渠的长度及控制面积均相对较小。

4. 渠系建筑物

渠系上的建筑物根据功能的不同主要有引水建筑物、配水建筑物、交叉建筑物、衔接建筑物、泄水建筑物以及量水建筑物等几种类型。本节仅对与本书的讨论密切相关的配水、量水建筑物进行介绍。

（1）配水建筑物主要包括分水闸和节制闸，如图 4-2 所示。[1]

① 分水闸。分水闸建在上级渠道向下级渠道分水的地方。上级渠道的分水闸即是下级渠道的进水闸。斗渠、农渠的进水闸分别是斗门和农门。分水闸的作用是控制和调节向下级渠道配水的流量，其结构形式有敞开式和涵洞式两种。

② 节制闸。节制闸垂直于渠道中心线布置，其作用是根据需要抬高上游渠道的水位或阻止渠水继续流向下游。需要设置节制闸的情况有：第一是有抬高水位需求的情况；第二是有轮灌需求的情况；第三是建筑

---

[1] 郭元裕. 农田水利学[M]. 北京：中国水利水电出版社，2007：92.

图 4-2 分水闸与节制闸

物、渠段或城市需要保护时,配合退水闸使用。

(2)量水建筑物及其利用情况大致如下。

① 闸、涵、渡槽等量水建筑,主要为干渠、支渠量水使用。

② 特设计量设备,如三角堰、梯形堰、巴歇尔量水槽、量水仪表、喷嘴等,主要为斗渠、农渠量水使用。量水堰是灌区计划用水和按方收费的基础。

(二)田间工程[①]

田间工程指的是最末一级固定渠道(农渠)和固定沟道(农沟)之间的条田范围内的临时渠道、排水小道、田间道路、稻田的格田和田埂、旱地的灌水畦和灌水沟、小型建筑物以及土地平整等农田建设工程。田间工程是实现合理、高效灌溉,让灌区工程系统发挥效益的基础。

在这里将主要对旱作区的条田和稻作区的格田进行介绍。

1. 条田与旱地田间渠系

条田是指末级固定灌溉渠道(农渠)和末级固定沟道(农沟)之间的田块。条田的一般规格为长度 400~800 m、宽度 100~200 m,条田的规格

---

① 郭元裕.农田水利学[M].北京:中国水利水电出版社,2007:94-97.

是综合考虑田间灌溉管理、排涝、耕作机械化等方面的因素后确定的。

旱地的田间渠系指的是条田内部的灌溉网，包括毛渠，输水垄沟和灌水沟、畦等。旱地的田间渠系的布置分为纵向布置和横向布置两种形式：在纵向布置中，水流的流向是农渠→毛渠→输水垄沟→灌水沟、畦；横向布置无输水垄沟，水流流向是农渠→毛渠→灌水沟、畦。

2. 水田格田

水田灌溉不需要毛渠，灌溉水直接从农渠进入水稻格田。

格田规划布置的要求包括：①从方便灌溉、提升耕作的机械化效率出发，格田规格的一般要求是长度为 100～150 m、宽度为 15～20 m；②山区、丘陵地区的格田布置需以地貌特征为依据，一般要求格田长边方向平行于等高线，由此可以减少梯田修筑的工程量；③平原地区格田方向适宜选择南北向，这是从作物通风采光的角度进行的考虑；④竭力消灭串灌、串排；⑤田面要求平整；⑥与旱地相邻的格田，需要开设隔水沟。

二、我国灌区的区域类型

根据地理区域的不同，我国灌区形成了明显的类型区分，即山区、丘陵地区灌区(以下简称"山、丘区灌")、南方平原圩区灌区(以下简称"平原圩区灌")以及北方平原地区灌区(以下简称"北方平原灌")。

1. 山、丘区灌区①

我国山区、丘陵地区分布广泛，面积约占国土面积的80%，耕地占全国总面积的近50%。山区、丘陵地区地势起伏剧烈，地面高差大，坡度陡，一遇暴雨，回流迅速，容易形成山洪灾害，并造成土壤流失；在无雨期间则沟溪干涸，易出现干旱。所以这类区域的农田水利既要解决防洪问题，又要解决抗旱问题。

山、丘区灌区一般由三个部分构成：一个部分是位于渠首的引水、蓄

---

① 郭元裕.农田水利学[M].北京:中国水利水电出版社,2007:248-249.

水或提水工程设施,另一个部分是进行输、配水的渠道系统,最后一个部分是灌区内部的小型水库、堰塘及小型的提水工程设施。山、丘区灌区的渠道系统似藤,灌区内部的蓄水设施似瓜,这种类型的灌溉系统因此被形象地称为"长藤结瓜灌溉系统"。长藤结瓜灌溉系统的典型特征有如下几点。

(1) 比较充分地利用了山区、丘陵地区的水源。一方面,在非灌溉季节,可利用渠道引取河水灌入堰塘,进而可以实现堰塘蓄水,这种蓄积是为了方便灌溉时节的使用;另一方面,傍山渠道可以承接部分坡面径流,这部分水源通过渠道引入堰塘存蓄或进行直接的灌溉利用。

(2) 引水上山、盘山开渠,扩大山区、丘陵地区的灌溉面积,并为旱地改水田创造可能。

(3) 由于河川、径流对灌区内部堰塘的补给,堰塘的复蓄次数是极高的,堰塘抗旱能力也因此获得提升。

(4) 通过"闲时灌塘,忙时灌田",渠道的利用率获得提升,或者更为准确地说是渠道单位引水流量的灌溉能力获得提升。

(5) 由于灌区内部塘库可起到调蓄河流径流的作用,在河流上修建大、中型水库时,可以相当程度地减少其季调节容量。

2. 平原圩区灌区[①]

我国南方圩区主要指的是沿江滨湖的低洼易涝地区以及受潮汐影响的三角洲地区,这些地区都是江湖冲积平原,土壤肥沃、水网密布、湖泊众多、水源充沛,外加一般年景降雨量丰富,所以自古以来,人们就在江河两岸和掩护滩地筑堤围垦,大面积的水网圩区由此形成。

平原圩区的水利以排涝为主,兼顾灌溉。为了达到控制地下水位的目的,圩区排水沟和灌溉渠一般是两套独立的系统。不过,排涝站则大多

---

① 　郭元裕.农田水利学[M].北京:中国水利水电出版社,2007:260-266.

数时候是灌排结合的,如此可以最大限度地发挥工程效益。

3. 北方平原灌区[①]

北方平原地区泛指淮河、秦岭以北的平原地区和地势比较开阔的山间盆地。这些地区年降雨量较少且年内分配不均,经常发生干旱和洪涝灾害。由于蒸发量大,土壤中又含有一定盐分,不少地区还受到土壤盐碱化的威胁。因此,北方平原灌区的水利要针对洪、涝、旱、碱开展综合治理。

在北方平原地区,井渠结合式灌区最为典型。井渠结合式灌区有两种主要形式:一种是以渠灌为主的井渠结合形式,这种灌区以地面水为其主要水源,井灌的作用是控制地下水位并对灌溉水源进行补充;另一种是以井灌为主的井渠结合形式,由于这种灌区在春季进行了大量的地下水开采,灌区的地下水位急剧下降,为对地下水源进行补充,灌区于汛期或汛后利用河道、沟渠等对地下含水层进行回灌,以保证灌溉季节有充足的地下水源。

三、灌区末级渠系的主要工程类型

上文对灌区及其区域类型的介绍直观地展现了灌区末级渠系所涵盖的广泛的工程类型,并且也呈现了区域灌区在末级渠系上的差异性。在上述三种区域类型的灌区中,山、丘区灌区的末级渠系所涵盖的工程类型相对较多,小水窖、小水池、小塘坝、小泵站、小水渠等"五小水利"工程在这类灌区内大量存在;平原圩区灌区的末级渠系所涵盖的工程类型相对较少,主要是相关的渠道工程和排灌泵站;北方平原灌区的末级渠系所涵盖的工程类型主要是相关的渠道和机井。下面,对灌区末级渠系所涵盖的主要工程类型进行简要介绍。

1. 斗渠

斗渠是自支渠分配获得水量并进一步向农渠配水的渠道。斗渠在配

---

① 郭元裕.农田水利学[M].北京:中国水利水电出版社,2007:274-280.

水上主要实施轮灌制度,即一般先向渠道上游的农渠配水,再向渠道下游的农渠配水。

2. 农渠

农渠是自斗渠分配获得水量并直接将之输送至田块的渠道,它是最末一级的固定渠道。农渠在配水上主要实施轮灌制度,一般先向上游的田块配水,再向下游的田块配水。

3. 堰塘

堰塘普遍存在于长藤结瓜灌溉系统中,它是这类灌溉系统中的"结瓜"工程。堰塘一般位于田块中央,它既是一个小型的水源工程,也是规模水利供水的"中转器",堰塘既可以通过自流灌溉的方式对地势较低的田块供水,也可以通过提灌的方式向地势较高的田块供水。堰塘的供水可能需要借助农渠,但很多时候农户采用串灌的方式而无须借助农渠引水。

4. 机井

机井是各类灌溉系统中均普遍存在的工程类型。它是一类小型的水源工程,在不同的灌溉系统中,它的主导性地位是存在差异的,换句话说,它既可能是主要的灌溉水源,也可能是辅助性的灌溉水源。

5. 其他

小型的提水泵站、小挡坝、小水窖等也是灌区末级渠系中常见的工程类型。

总体来说,本书采纳"灌区末级渠系"这一概念,表述的是灌区骨干工程以下的末端水利工程系统,它始于斗渠(包含部分支渠)渠段,既包含了规模水利的斗渠、农渠等末级渠道及配套工程,也包含了一些小型的水源工程及其配套工程。

第二节　农田水利的一般性质与基础特征

对灌区末级渠系性质与特征的准确判断是对之进行有效治理的前

提。灌区末级渠系亦由农田水利工程构成，它首先具备农田水利的一般性质和基础特征。

一、农田水利的一般性质

可以从本质属性、政治社会属性和经济属性三个层面来理解农田水利的一般性质。

首先，农田水利是开发水资源用于农业生产的工程系统，它属于生产资料的范畴，这是农田水利的本质属性。农田水利的服务对象是农业，虽然一些农田水利工程体系建成以后可以带来多重利用价值，如水库养殖、灌区旅游等，但是服务于农业生产是农田水利建设的宗旨。毛泽东早在20世纪30年代就提出了"水利是农业的命脉"的著名观点，20世纪50年代他在《关于农业合作化问题》一文中表明了水利属于生产资料的范畴①。根据马克思主义政治经济学的一般原理，农田水利从本质上讲确实属于生产资料的范畴。

其次，农田水利的准公益性(公益性)是其政治社会属性的具体表现。2011年中央一号文件《中共中央国务院关于加快水利改革发展的决定》即指出："水利是现代农业建设不可或缺的首要条件，是经济社会发展不可替代的基础支撑，是生态环境改善不可分割的保障系统，具有很强的公益性、基础性、战略性。"不过，学术研究和具体的水利发展制度②更常采用"准公益性"描述农田水利的性质，准公益性表明了农田水利既有为私人利益服务的层面，亦有为公共利益服务的层面。具体来说，农田水利为

---

① "为了要增加农作物的产量，就必须：(1)坚持自愿、互利原则；(2)改善经营管理(生产计划、生产管理、劳动组织等)；(3)提高耕作技术(深耕细作、小株密植、增加复种面积、采用良种、推广新式农具、同病虫害作斗争等)；(4)增加生产资料(土地、肥料、水利、牲畜、农具等)。这是巩固合作社和保证增产的几个必不可少的条件。"参见毛泽东，1955年7月31日，《关于农业合作化问题》。[EB/OL]. http://www.cctv.com/special/756/1/50038.html，2016-06-30.

② 比如，2002年国务院颁行的《水利工程管理体制改革实施意见》中对水利工程管理单位性质分类而得出的观点是，具体而言，部分水利工程既承担"防洪、排涝等公益性任务，同时又具有供水、水力发电等经营性功能"，这类水利工程被定性为准公益水利工程，对这类水利工程实施管理的是"准公益性水管单位"。

农业生产提供服务,其最终的受益主体是农民,灌溉服务通过促进农作物生产转化成为了农民的经济收益,这是其为私人利益服务的表现。不过,农业生产本身并不是一个纯私人利益的领域,它同时也是一个公共利益的领域,这是因为农业生产直接关涉国家粮食安全,是社会稳定、发展的基础,并且农业生产为农民提供了基本的生活资料和社会保障,是农村稳定、发展的基础,这是农田水利为公共利益服务的表现。当代中国早已不再是魏特夫(Karl August Wittfogel)笔下的通过治水而达成的集权体制与专制社会,但是国家将农田水利作为准公益性事业进行发展依然被认为是国家权力以公共性换取合法性的表现[1]。

最后,农田水利的经济属性主要体现在两个层面:一是农田水利工程常具备开展多种经营的可能,比如水库既可以用于养殖,又可用于灌溉,有些还可以开发旅游业,在市场经济下它能够在多个层面转化成为经济要素;二是农田水利工程的供水具有产品水的性质,水资源通过蓄、引、提、输送等工程措施以后已经转化成为产品水,虽然在农业用水领域,资源水与产品水在自然属性上并无二致,但是产品水的性质却为农业用水的市场化(商品化)供给创造了可能。[2]

二、农田水利的基础特征

可以从以下几个方面理解农田水利的基础特征。

首先,农田水利具有准公共性。一般参照消费的竞争性与排他性两个指标对事物进行公共物品、私人物品及准公共物品的区分。公共物品指的是消费上具有完全的非竞争性和非排他性的产品,也被称为纯公共物品。私人物品指的是消费上具有竞争性和排他性的产品。在现实生活中,真正的纯公共物品并不多,大多数公共物品介于纯公共物品与私人物

---

① 韩东.当代中国的公共服务社会化研究:以参与式灌溉管理改革为例[M].北京:中国水利水电出版社,2011:17.

② 黄锡生.论水权的概念和体系[J].现代法学,2004(4):134-138.

品之间,具有公共物品和私人物品的双重属性,它们被称为准公共物品或混合产品。任俊生对准公共品本质特征的归纳是:"第一是具有拥挤性,第二是具有消费数量非均等性,第三是具有局部排他性。"[①]农田水利准公共性的具体表现是:其一,农田水利提供灌排服务的能力是有一定限度的,在该限度以内,农田水利的受益主体对灌排系统的利用具有非竞争性,但是超出这个限度,受益主体之间就要产生竞争性;其二,灌排系统的受益主体根据自身需求获取服务,他们自灌排系统的获益并不一定是均等的;其三,灌排系统在灌排区以内具有非排他性,对灌排区以外则具有排他性。

其次,农田水利的工程构成具有系统性。农田水利是由若干水利工程相互关联形成的工程网络,或者说工程系统。农田水利工程构成的系统性表明,只有在工程建设相对完整的状况下灌排功能才可能得到有效发挥。在我国的灌区管理制度中,系统性的农田水利工程又分配给不同的管理主体进行管理与利用,这些管理行为的相互协调是灌排有效实施的前提,而由于工程之间的关联性,部分工程的管理困境容易影响灌区整体的发展。

最后,农田水利的垄断性。农田水利的系统工程建设完成以后,农田灌排服务的供给主体与需求主体也基本上确定下来了,农民对于农田的灌排服务多数情况下并没有选择权,这是农田水利垄断性的表现。

第三节　灌区末级渠系的性质与特征

本节将基于上文对农田水利一般性质和基础特征的梳理,在微观层面上对灌区末级渠系的性质、特征展开分析,并且对小农经济背景下我国灌区末级渠系的特殊性进行阐释。

---

① 任俊生.论准公共品的本质特征和范围变化[J].吉林大学社会科学学报,2002(5):54-59.

一、灌区末级渠系准公共性的微观解读

对于作为准公共品的农田水利的发展而言,从公共物品供给理论出发,其非竞争性与非排他性是影响农田水利供给方式的关键要素。本书是关于灌区末级渠系治理问题的讨论,因而,有必要纳入非竞争性与非排他性的考察层面,从微观视角对具体的灌区末级渠系工程的准公共性进行解读。

关于非竞争性,有两个方面的含义。首先,边际成本为零,指的是增加一个消费者对供给者带来的边际成本为零,比如增加一个电视观众并不会导致发射成本的增加。其次,边际拥挤成本为零,每个消费者的消费都不影响其他消费者的消费数量和质量,比如对国防这一公共物品的消费。非排他性指的是产品投入消费领域以后,任何人不能够独占专用,即使存在将其他人排斥在该产品的消费领域外,不允许其享受该产品的利益的措施,也由于成本过高而显得不合算。

对于灌区末级渠系而言,非竞争性是一个相对的概念。具体来说,在灌区末级渠系各水利工程的公共范围以内,消费者对于相应的公共水利工程的消费(利用)是具有非竞争性的,但是若超出了相应的公共范围,则形成竞争性。而对于灌区末级渠系的非排他性则需要进行更为具体的分析。

在灌区末级渠系的工程体系中,农渠渠段是典型的非排他性工程。虽然从农田水利学工程布置规则来说,要求农渠的布置达到向每块农田都有输水口的要求,但是实际上在我国,农渠普遍未达到这样的标准,串灌、漫灌仍然普遍存在,特别是在稻作区的灌溉中。可以设想的是,斗渠分水入农渠以后,农渠试图排他性地向某块田块供水,或者某块田块试图向农渠获取一定用水量的排他性使用权几乎都是不可能的。因为水流在灌溉的过程中不可避免地流向其他的田块,部分是由于渠道渗漏所导致的,部分则发生在串灌、漫灌时,水流向相邻田块,这意味着对农渠渠段的

利用无法设置排他性。

进一步，比农渠的公共单元更小的水利工程大多也是非排他性的。以山、丘区灌区来看，比农渠公共单元更小的水利工程最主要的是堰塘和小型的泵站，它们都无法提供排他性的灌溉服务。比如，村庄中的堰塘在建成之时普遍设有出水口，即“剅”，对于堰塘下游的田块，通过开“剅”既可以实施自流灌溉，这种灌溉方式大多并不借助灌溉农渠[①]，而是采用漫灌的方式，在这种灌溉方式下难以实施排他性灌溉服务供给。另外一些田块无法通过自流灌溉受益而需要借助小型泵站[②]提水灌溉，但是提水以后依然是进行串灌或漫灌，因而也无法实现排他性。在平原圩区灌区，串灌也是普遍的，因而相关水利工程也是非排他性的。不过，在北方平原灌区，机井常常是可以提供排他性的灌溉服务的，原因主要来自两个方面：一方面，北方的井灌常常并不利用渠道，而是直接通过水管向田间输水，因而大幅度减少了水在输送过程中的渗漏；另一方面，北方平原灌区主要是旱作区，旱作区灌溉的作用在于补充土壤水分的不足，使作物生长阶段土壤计划湿润层内土壤含水量维持在易被作物利用的范围内，所以一般灌溉次数不多，并且用水量较少[③]，所以灌溉过程中水渗漏或者串到其他田块的情况都较少发生。基于这两个方面的原因，机井向旱作区的固定田块供水或者说固定田块单独向机井取水均是可能的，这即是机井排他性供水的实现。

我们一般只是基于农渠渠段以及其他一些田间工程的非排他性来表达农田水利整体上的非排他性，而实际上作为由若干水利工程构成的网络系统，并不是每一个具体的农田水利工程都具有非排他性。从理论上

---

① 一般都建设有田间排水沟而无灌溉渠（农渠）。排水沟是比田块地理位置低的渠道，功能仅为排水，无法进行灌溉。

② 需要说明的是，这里的小型泵站指的是村庄内部开展公共灌溉的泵站，并不包含当前农户家庭自主购买、使用的功率极小的家用潜水泵，本书称后者为“微型水利工程类型”。

③ 相对而言，稻作区的灌溉由于水稻喜水、耐水的特征，常采用淹灌方式，灌溉渗漏损失水量大，灌水次数多，灌溉定额高。

讲,在灌区末级渠系范围内,斗渠渠段开展排他性的灌溉服务供给是可能的。斗渠的作用是向农渠配水,只要能够有效减少配水过程中的外部性,斗渠渠段是能够提供排他性的灌溉服务的。斗渠配水的外部性主要来自两个方面:一是由渠系渗漏等客观原因造成的外部性,二是由于渠系上的偷水行为等主观原因造成的外部性。随着渠道工程质量的改进和合理的工程管理制度的实施,上述两个方面的外部性都似有被克服的可能性。不过正如在实践考察中看到的,斗渠渠段的非排他性并不是由于工程技术上的难题,而是由于设置排他的成本过高,因为开放式的渠道系统要规避大量潜在的搭便车者,其管理成本过高,所以属于灌区末级渠系中公共配水渠系的斗渠(包含部分支渠)总体上是非排他性的[①]。

需要补充说明的是,水利工程的计量性与排他性并不是等同的概念。很多时候灌溉虽然能够计量,但是灌溉服务的供给主体无法向特定的用水主体提供服务,也无法规避一些搭便车行为,这意味着即使能够计量的水利工程可能依然是非排他性的。灌区末级渠系中的小型泵站即是典型,一方面这些泵站可以依据设备的功率与运转时间计量供水,另一方面这些泵站依然无法向特定的用水户供水,因而不具有排他性。

二、灌区末级渠系层次化的公共性

如上文所述,公共性或者说准公共性是农田水利的基本特征,更为具体地说,灌排区是由若干公共工程构成的网络体系,具体水利工程的公共单位的大小不一,这些公共水利工程具有层次化的关联性。在我国的灌区管理制度中,灌区的骨干工程统一由政府设立专门机构进行管理,它可以整体性地被看作一个公共单位,农田水利层次化的公共性特征更多地体现在灌区末级渠系领域。

---

① 在农田水利的骨干工程能够对水流进行严格、准确控制的情况下,如果以斗渠作为一个取水单元来看,农田水利骨干工程向斗渠提供的灌溉服务也是具备排他性的,这是当前水利工程实施经营性供水的基础。

灌区末级渠系层次化的公共性指的是，灌区末级渠系范围内的斗渠、农渠、堰塘、小型泵站等都是规模大小不一的公共单元，而这些公共单元之间形成了层次化的关联关系。具体来说，堰塘的受益农户一般只有数户，农渠的受益农户则从十几户到几十户不等，而斗渠的受益农户则可能多达上百户甚至几百户，它们所形成的公共单元大小不一。但是单位斗渠范围内包含若干数量的农渠，这也就是说单位斗渠之下还有若干公共农渠(治理)单元；单位农渠范围内可能包含若干堰塘，这也就是说单位农渠之下还有若干公共堰塘(治理)单元。

三、水利工程之间的协同与竞争关系

如上文对灌溉系统的描述中所呈现的，在山、丘区灌区，"五小水利"工程一般比较发达，即使是在北方平原灌区，井渠结合也是典型模式，也就是说大多数的灌区都是对多种水源进行综合性开发利用的工程系统，这里的水源不仅包含了地表水源，也包含地下水源以及非常规水源，比如降雨。灌区的多水源利用形态可以解读为灌区一般是由多重水利系统相结合构成的，以长藤结瓜灌区为例，一般的小型堰塘自身也是蓄水工程，它与周围受其灌溉的农田形成一个微小型的水利系统，但是这些农田可能也属于某一中型灌区的控制面积，因为单独依靠堰塘蓄水常常并不能够充分满足灌溉需求，而在特别干旱的年份，还可能通过大型灌区向中型灌区补水以满足中型灌区的用水需求。

不论是长藤结瓜灌区还是井渠结合灌区，在灌区建设之时都进行了系统化与协同化的工程布置。这种系统化与协同化可以实现对多种水源的灵活应用，这一方面可以降低灌溉成本，因为实现了对就近水源的利用；另一方面可以提高水利工程的利用率，比如堰塘的复蓄次数获得提高，渠道单位引水流量的灌溉能力获得提升等；再一方面灌区的抗旱能力增强，规模水利为农田抗旱提供了保障。不过，由于农田对灌溉用水的需求量相对稳定，在灌溉工程系统中，水利工程之间在发展上必然形成一定程度的竞争关系：首先，通过微小型的水利系统取水灌溉时，对规模水利的利用自然减少,灌溉受益主体由此必然会偏重对微小型水利的管养力度,而规模水利的管养力度可能不会引起重视,进而可能造成规模水利的发展受阻;其次,当前普遍建立的通过计量水费维持灌区运转的体制,意味着一旦规模水利受到竞争而供水量减少,则会直接导致规模水利运转的经费困难。

四、灌区末级渠系的不对称性

林维峰在对尼泊尔的小规模灌溉系统进行研究的过程中,提出了"灌溉系统的不对称性"的观点,他说:"既然渠道中的水是从头流到尾的,其耕地位于渠道首端的农民常常能自然而然地优先使用水,而其耕地在渠道末端的农民则最后用水。假定水是'可轻易得到的',渠首的农民就没有动机取得多于其庄稼实际需要的水,并很少关心水的浪费。在许多情况下,渠首的人不知道自己的行为对渠尾农民水源稀缺程度的影响。但是,如果渠首的人看到了这个问题,他也不可能制约自己不汲取过多的水,因为他认为他这样做没有多大影响,除非其他位于渠首的人也能够节约用水。实际上,即使有的话,位于渠首的人很少从事集体行动,来管理水的分配。"①

可以采纳不对称性来描述我国规模灌区末级渠系的特征。虽然是规模灌区的末端工程体系,灌区末级渠系作为一个相对独立的治理领域与小规模灌溉系统具有相似性。灌区末级渠系也是一个小规模的公共治理空间,在灌区末级渠系的范围内,不论是斗渠上下游的用水农户,还是农渠上下游的用水农户,甚至还有其他小型工程上下游的用水农户,均存在工程利用中的不对称性,上游的用水农户总是具有天然的优势。对于规模灌区的骨干工程而言,其取水的斗渠单元之间的不对称性并不明显,一方面灌区的骨干工程在配水上一般实施续灌模式,这意味着自支渠分水

---

① 林维峰.小规模灌溉系统的绩效改善[M]//麦金尼斯.多中心治道与发展.毛龙涛,李梅,译.上海:三联书店,2000:356-357.

的上下游的斗渠一般情况下可以同时获得水量,另一方面灌区的骨干工程已经或者正在逐步形成向斗渠进行排他性供水的能力,这表明了灌区管理对可能存在的不对称性已经基本上具备了调整能力。

不对称性会给灌区末级渠系的公共治理带来困难。对于具有非排他性的灌区末级渠系治理领域,如果采用社会自主治理体制,上下游用水户之间的不对称"加剧了灌溉方面组织集体行动的困难"[1],因为上游用水户更倾向于利用其地理上的比较优势来牺牲下游用水户的利益。如果采用行政治理体制,不对称性意味着上下游用水农户参与治理的基础条件是不相同的,这在很大程度上会带来上下游用水农户对治理体制中履行义务标准的不认同,进而也带来治理难题。

五、灌区末端公共性

从农田水利学水利工程布置的基本原理来说,基本灌溉单元的农田水利工程具有总体性特征。灌溉系统中的干渠、支渠主要是从保证输水效率的角度来进行工程布置的,而斗渠、农渠是与农业生产直接关联的渠系,它们的布置必须与农业生产关联起来,其中农渠是最末级的固定渠道,它的控制范围是一个耕作单元,通过农渠,水分与土壤很快发生结合。耕作单元以内的水利工程除了农渠,还可能包含临时性毛渠以及小水库、堰塘等水利工程设施,这些水利工程设施的布置考虑的是灌溉的有效性问题,即水分能够及时有效地到达耕作单元辖域以内的所有土地,进而实现灌溉对耕作的配合,这些水利工程的布置显然并不考虑对田块配水的精确性问题。由此,可以看到包含农渠在内的耕作单元内部的各水利工程具有总体性的特征,它们通过相互结合来实现灌溉与耕作配合的目标,并且它们一般并不具备排他性供水的能力。所以,在整个灌溉系统中各层级的水利工程有着明显的功能区分:干渠、支渠力图保证输水效率,斗

---

① 林维峰. 小规模灌溉系统的绩效改善[M]//麦金尼斯. 多中心治道与发展. 毛龙涛,李梅,译. 上海:三联书店,2000:357.

渠力图实现对农渠的高效配水,而农渠控制的灌溉面积以内的水利工程则相互结合,力图实现高效灌溉。如此则可以看到,农渠控制的灌溉面积是灌溉系统中最基本的灌溉单元,灌区配水不再考虑更小的用水主体,而耕作单元内水利工程的总体性特征也正是基本灌溉单元内水利工程的总体性特征。

从农田水利的发展历程来看,在农业集体化经营时期,基本灌溉单元农田水利工程的总体性特征还没有成为影响农田水利治理的要素。在这一时期,生产队是农业生产经营的主体,有些生产队经营的土地面积本身就是一个耕作单位的土地面积,有些生产队经营的土地面积是多个耕作单位,这样的生产队内部常常又分成若干个作业区,其中的每个作业区即是一个耕作单位,也就是说一个生产经营的土地面积涵盖一个或数个基本灌溉单元。在当时的农业经营体制下,基本灌溉单元涉及的农渠等相关水利工程都直接由生产队进行利用和管理。事实上,也可以说生产队是一个新的灌溉单元,当时规模水利的配水与生产队的取水能够形成对接。

农村改革以后,基本灌溉单元农田水利工程的总体性特征就成为了影响农田水利治理的关键要素。农村改革以后,农村土地开始由农户家庭承包经营,农业进入了由经营主体承包经营小规模土地的状态,这也就是小农经济的农业经营形态。在小农经济形态下,基本灌溉单元涉及若干户农户的灌溉面积,由于基本灌溉单元农田水利工程的总体性以及非排他性,基本灌溉单元的农田水利工程就是一个公共治理(管理)空间,本书将之概括为"灌区末端公共性",这是小农经济格局下,我国灌区末级渠系的特殊性质。

具体来说,这种灌区末端公共性指的是,在小农经济的格局下,我国灌区末级渠系形成了一定的公共治理领域,这一公共治理领域以基本灌溉单元最为典型。需要明确的是,灌区末级渠系形成的这一公共治理领域是一个空间范畴,它往往涉及的不是单一的公共工程,而是一定空间范围内农田水利工程的总体。这种灌区末端公共性与小农经济并存，正如上文对农渠及其他田间工程非排他性的描述与分析，在小农经济格局下，灌区末端会由于设置排他的成本过高而保持其公共性。如果农业经营的规模发生变化，农业经营主体经营的土地面积已经涵盖了末端公共领域，则这里所谓的末端公共性自然消解。然而，我国农业发展在短期内仍然难以达到规模经营的水平。

很显然，灌区末端公共性对农田水利治理的影响是：一方面灌区末级渠系的治理需要对末端公共领域内的农田水利工程进行总体性的治理，原因是末端公共领域内的农田水利工程具有总体性的特征，或者说这些农田水利工程之间相互具有外部性，这导致对这些农田水利工程的分别治理是难以实现的，通过总体治理就可以将这些外部性内部化；另一方面，只有在灌区末端的公共治理有效达成的前提下，灌区向末端公共治理单元的高效配水才是可能的。

实际上在农村改革到来之时，相关政策制定部门就已经意识到了分田到户以后会立即产生的灌区末端公共领域的治理问题。农村改革时期，通过"统分结合、双层经营"的农村经营体制的设计，实现了农村集体经济组织对村庄灌溉事务的管理，也就是说形成由农村集体经济组织对灌区末端公共领域进行治理的局面。农村税费改革以后，农村集体经济组织基本退出了对灌区末端公共领域的治理，而这一时期的农田水利治理政策显然未形成对灌区末端公共性的清晰认识，市场化、社会化的政策分别介入到灌区末端公共领域的部分工程，灌区末端的公共性遭到破坏，这不仅导致了灌区末端的公共治理无法达成，也导致了灌区向这一公共取水单元配水的难题，也就是上一章阐述的市场化与社会化的治理政策在实践形态中的张力关系。

第五章 农田水利的治理之道

　　灌区末级渠系治理的核心问题是相关水利工程的建设、利用和管理问题，对农田水利治理之道的探索正是要回应"取水主体矛盾"，即要明确取水主体的类型和加强其治理能力的方法。

本书第三章的讨论已经明确了，农田水利的"最后一公里"问题面对的最基本的矛盾是"取水主体矛盾"，具体来说是灌溉系统的有效配水对取水单位的诉求与灌区末级渠系治理无法形成取水单位的现实之间的矛盾。取水主体矛盾的解决显然包含两个方面的基础内容，其一是明确取水主体，其二是取水主体的治理能力建设。本章对农田水利治理之道的探索正是要回应"取水主体矛盾"，即要明确取水主体的类型和加强其治理能力的方法，不过，取水主体的明晰是在灌区末级渠系治理模式明晰的基础上形成的。

第一节　灌区末级渠系的治理模式

如上文所述，在我国农田水利的治理或者说灌溉管理中，早就形成了骨干工程与非骨干工程的模块区分，灌区骨干工程早已形成了一个基本的治理结构。所谓灌区末级渠系的治理模式指的是灌区骨干工程以外的末端工程形成的灌溉管理的模块结构，这个模块结构需要与灌区骨干工程的治理对接。灌区骨干工程的治理结构与灌区末级渠系的治理结构共同构成了灌区治理的结构，或者说是灌区治理模式。本节将以上文对农田水利性质、特征的梳理为基础，探讨我国灌区末级渠系可能的治理模式，以及这些治理模式在不同的灌溉系统中的适用性。

一、三种治理模式

在灌区末级渠系治理模式的探索上，除了参考农田水利一般的性质、特征以外，主要还需要参考灌区末级渠系层次化的公共性和末端公共性的特征，它们对灌区末级渠系的治理模式产生直接影响。灌区末级渠系的末端公共性表明，在灌溉系统末端必须要成立基本灌溉单元，这个基本灌溉单元虽然也涵盖若干农田水利工程，但是不能再度细分治理单位；灌区末级渠系层次化的公共性表明，在灌区末级渠系范围内可以用大的公共治理单元涵盖小的治理单元，进而形成一个整体的治理结构。结合灌区末级渠系的性质特征,笔者认为我国的灌区末级渠系可以形成三种治理模式,即总体治理模式、分层治理模式和复合治理模式,下面将分别阐述。

(一) 总体治理模式

正如上文对灌区水管单位、灌区末级渠系管理主体和灌溉用水户之间关系的简单梳理,灌区水管单位为灌区末级渠系管理主体提供定量的灌溉用水,灌区末级渠系管理主体为灌溉用水户提供灌溉服务,它们之间关联关系的发生构成了灌区管理的全部内容。具体来说,灌区水管单位与灌区末级渠系管理主体之间供用水合同关系的发生包含了两个方面的内容:其一是灌区水管单位向灌区末级渠系管理主体供水;其二是灌区末级渠系管理主体向灌区水管单位提交水费。需要明确的是,我国的灌溉水费并不包含水资源费,灌区水管单位收取的水费用于维持灌区骨干工程的运转。在灌区末级渠系的管理中,管理主体向灌溉用水户提供灌溉服务,灌溉用水户则要分担灌区末级渠系管理的总成本,这个总成本由两部分构成:一部分是灌区末级渠系向灌区水管单位取水的成本,即水费;另一部分是灌区末级渠系工程维系成本。灌区末级渠系管理的总成本最终按照一定的规则分摊在受益的土地面积上,灌溉用水户根据其受益的土地面积分担灌溉管理的成本。

所谓灌区末级渠系的总体治理模式,指的是灌区末级渠系的管理在整个灌区末级渠系范围内进行一体化的内容设置,也就是说灌溉管理主体向灌溉用水户提供同质的灌溉服务,灌溉用水户按照统一的标准分担灌区末级渠系的管理成本。在灌区末级渠系总体治理模式下,灌溉用水户承担的是统一标准的灌溉服务费,这意味着该治理模式对灌溉成本的分担进行了均质化的处理。具体来说,在单位灌区末级渠系范围内,甲基本灌溉单元的用水户并不从乙基本灌溉单元的农田水利工程中受益,但是它承担的灌溉服务费标准却是在灌区末级渠系总体管理成本的支出上确立的,换言之,甲基本灌溉单元的用水户分担了乙基本灌溉单元和其他基本灌溉单元的管理成本,而乙基本灌溉单元和其他灌溉单元的用水户也自然分担了甲灌溉单元的管理成本。可见，在总体治理模式下，灌区末级渠系管理只有一个经济核算中心。

（二）分层治理模式

灌区末级渠系的分层治理模式，指的是灌区末级渠系的管理在整个灌区末级渠系范围内进行层次化的内容设置，也就是说斗渠（包含部分支渠）和基本灌溉单元管理内容的总和成为灌区末级渠系的管理内容，并且明确灌溉用水户对末级渠系管理成本的分担由斗渠管理成本和其所位于的基本灌溉单元的管理成本两部分构成。在分层治理模式下，灌溉用水户负担的灌溉服务费用在整个灌区末级渠系范围内并没有统一的标准，因为灌溉服务费的一部分构成是基本灌溉单元的管理费用，而这部分费用构成在不同的基本灌溉单元之间存在差异。不过，灌溉用水户负担的灌溉服务费用在基本灌溉单元内具有统一的标准。

需要说明的是，虽然在管理内容上有层次区分，灌区末级渠系分层治理模式却是事务治理路径下可能的治理模式，所以它的灌区末级渠系管理（治理）主体依然是唯一的。进一步来说，在分层治理模式下，灌区末级渠系管理主体唯一，但是灌区末级渠系管理有两个经济核算中心，一个是基本灌溉单元，另一个是灌区末级渠系，这是分层治理模式的基本特征。

（三）复合治理模式

如此，在灌区管理中会涉及四类治理（管理）主体，即灌区水管单位、斗渠管理主体、基本灌溉单元管理主体以及灌溉用水户。本书中将灌区末级渠系工程系统中斗渠（包含部分支渠）、基本灌溉单元分由不同的治理（管理）主体管理，两个部分结合构成灌区末级渠系治理内容的模式称为灌区末级渠系的复合治理模式。

在复合治理模式下，灌区末级渠系管理的具体内容如下。

1. 斗渠管理

在斗渠管理中，管理主体要先向灌区水管单位取水，再将取得的定量水配置给基本灌溉单元。斗渠的管理主体要向灌区水管单位负担水费，这是其取水成本，斗渠管理主体在向基本灌溉单元配水的过程中也要收取相应的费用，这部分费用主要由两部分构成：一部分是斗渠的取水成本，另一个部分是斗渠的管理成本。当然，如果斗渠实施的是经营性管理，则这部分费用还包含经营主体的利润。在灌溉管理实务中，斗渠管理的费用收取常常采用终端水价的方式，也就是说将斗渠渠段管理成本分摊在取水成本上，形成对水价的加价，管理主体以向基本灌溉单元收取水费的方式收取斗渠管理的总体费用。

2. 基本灌溉单元的管理

基本灌溉单元的管理由管理主体向用水户提供灌溉服务，灌溉用水户也需要承担相应的费用。基本灌溉单元管理的总体成本主要包括向斗渠取水的成本、工程管理成本等，这些成本以收取灌溉服务费的方式回收。

需要强调的是，分层治理模式与复合治理模式在表现形态上具有较大程度的相似性，但是从本质上讲，它们是完全不同的治理模式。分层治理模式与复合治理模式的相似性表现为灌区末级渠系的治理均具有层次化构成的特征，但是分层治理模式是在治理（管理）主体唯一的情况下开展的灌区末级渠系治理，它对相关的经济行为进行了分层化的内容设计；复合治理模式是在多个治理主体的情况下开展的灌区末级渠系治理，多主体开展的治理事务具有层次化的关联性。

二、灌区构成与治理模式适用

在总体治理模式、分层治理模式和复合治理模式中，灌区末级渠系需要依据各自的实际情况进行恰当的治理模式选择。灌区的结构是影响灌区末级渠系治理模式选择的关键要素，这主要是从以下两个方面来说的。

首先，灌区末级渠系范围内的各基本灌溉单元都拥有各自的农田水利工程，各单元之间农田水利工程的均质化程度是影响治理模式选择的重要因素。具体来说，在高标准的现代化农田中，各基本灌溉单元之间的工程条件可能都是差不多的,甚至可以说在整个灌区末级渠系范围内,农田的灌溉条件都是相当的,则这样的灌区末级渠系显然采用总体治理模式较为适宜。相反,如果各基本灌溉单元之间的条件存在较大差异,则将这些工程的管理成本在整个灌区末级渠系的范围内进行均衡具有明显的不合理性,这样的灌区末级渠系适合采用分层治理模式或者复合治理模式。

其次,各基本灌溉单元拥有基础水源的情况也是影响治理模式选择的重要因素。正如上文对我国灌区区域类型的阐述,我国的山、丘区灌区一般建成长藤结瓜灌溉系统,在这种类型的灌溉系统中,即使是在基本灌溉单元内部也存在一定的水源工程,这构成了基本灌溉单元的基础水源。农田灌溉除了要利用这部分基础水源,一般都还需要通过规模水利补充水量,只有两种水源在利用中恰当结合,才能达成低成本且高效率的农田灌溉。由于向规模水利取水必须要支付水费,而向基础水源取水并不需要支付水费,则基本灌溉单元的基础水源不同,它们对补充水量的需求就不同,进而所需要承担的水费负担也不同。换言之,对于各基本灌溉单元基础水源不同的末级渠系,各基本灌溉单元显然并不愿意将自己的取水成本在整个灌区末级渠系的范围内进行均衡,所以总体治理模式并不适用,而只能选择分层治理模式或者复合治理模式。当然,在有些灌区,基本灌溉单元并没有基础水源,或者各基本灌溉单元的基础水源条件相当,则这样的灌区的末级渠系系统可以选择总体治理模式。

第二节　灌区末级渠系的治理主体

如上文所述,我国存在多种形态的灌溉系统,并且实际上我国也存在不同的农业经营形态。虽然小规模家庭经营农业依然是我国农业经营的主导形式,但是不可否认的是,一些地区已经形成了规模经营的农业经营形态。以上这些因素决定了,我国灌溉系统末端的治理主体必然是多元的,但是农田水利的发展政策应当明确倡导一种具体的治理主体形式,这一主体形式应当成为灌溉系统末端主导的主体形式，并以之为基础构建我国灌区末级渠系的治理主体形式。

一、基本灌溉单元的治理主体

（一）多元主体

由于我国农业经营形态的多样性，我国灌区末端的治理主体不可能只具备唯一形式；又由于目前小农经营依然是我国农业经营的主要形态，本书有必要探讨灌区末端治理主体的主导形式，这种主导形式可以通过向政策、制度转化的方式，实现对小农经济格局下的农田水利治理秩序的塑造。

我国农业经营形态的多样性，或者说是农业经营主体的多样性，决定了我国灌区末端的治理主体可能有多种主体形式，比如个体用户、农户合作(合伙)组织、村社集体组织、农民用水户协会等。实际上在灌溉系统的末端是难以用纯粹的行政主体来进行灌溉治理的，灌区末端的治理主体一般所指的就是一定灌溉面积内的受益主体，或者若干受益主体相结合形成的主体形态。

具体来说，如果农户耕种的土地面积较大，基本灌溉单元的土地为单个农户耕种，在这种情形下农户是灌区末端治理主体。如果基本灌溉单元的土地为数个农户耕种，但是涉及的农户数量规模并不算大，这些农户达成了合作(合伙)组织的形态，那此合作(合伙)组织即是灌区末端治理主体。如果基本灌溉单元的土地为数个农户耕种，但是涉及的农户数量规模较大，农户通过组建协会的方式开展灌溉管理，则农民用水户协会即是灌区末端治理主体，而依据我国农业、农村的发展传统，这种情形下也可以由村社组织开展灌溉管理，则村社组织即是灌区末端治理主体。由于农业经营主体类型的多样化，灌区末端治理主体当然还可能是其他类型的农业经营主体及其合作或组织形态，比如家庭农场，甚至农业公司等。

（二）主导形式

如上文所述，我国的灌溉系统末端完全可能出现多种类型的治理主体，所以我国的灌溉管理、农田水利的相关制度应当确立这些治理主体的合法性。但与此同时，我国的灌溉发展政策有必要确立灌区末端治理主体的主导形式，这种主导形式是最主要的灌区末级渠系治理主体类型，换句话说，在大多数灌区，灌区末级渠系的治理都是采纳这一主体形式，只有在特殊情况下才会采纳农户、合作组织等主体形式。我国目前的灌溉发展政策倡导农民用水户协会作为灌区末端治理主体的主导形式，但是农民用水户协会的实践效果却并不理想。笔者则主张以村社组织作为灌区末级渠系治理主体的主导形式。

（三）政策实践逻辑

对农田水利治理制度的梳理表明，自 20 世纪 90 年代中期开始，我国即在灌溉系统末端试验农民用水户协会这一治理主体形式，进入 21 世纪以来，农民用水户协会成为了我国灌溉发展政策所倡导的主要的灌区末端治理主体类型。2005 年，水利部、国家发改委和民政部联合出台《关于加强农民用水户协会建设的意见》对农民用水户协会的组建进行了具体的规范和指导，外加一些农田水利发展政策与农民用水户协会建设的捆绑关系，各地纷纷组建农民用水户协会，我国农民用水户协会的数量迅速攀升。然而正如本书所开展的调查研究所示，灌区末端组建农民用水户协会的初衷是为了替代原先开展灌溉管理的村社组织，但是大量的农民用水户协会难以发挥效用，防汛、抗旱事务仍然需要通过行政体制动员村社组织来进行。探索灌区末端的主体形式需要先理解清楚这一吊诡的改革现象。

首先我们需要理解灌区末端实施治理（管理）主体改革的基本思路。在灌区末端实施治理主体改革，也就是鼓励组建农民用水户协会，是灌溉管理中"国退民进"的改革思路。这一改革思路是将"治理理论"引入灌溉管理领域的结果，表明在公共灌溉管理中，社会主体可以替代行政主体

（国家）成立有效的公共事物治理主体。农民用水户协会是被主张的在灌溉系统末端实施公共灌溉管理的社会主体，农户是灌溉系统末端公共管理的直接受益主体，农民用水户协会是这些受益主体基于民主、自治的原则成立的合作组织。村社组织是在"国退民进"的改革思路中需要被替代的主体，因为村社组织被理解为是国家权力的代表，村社组织开展的灌溉管理被认为参与性不足，即使有农民参与也被认为是被动参与，农民在灌溉管理中的主动性没有被调动起来。总的来说，灌区末端实施的治理主体改革就是要通过组建农民用水户协会来替代原先开展灌溉管理的村社组织，将受益主体参与不足的灌溉管理变为参与式灌溉管理。

在实践中，满足农民用水户协会的组建条件很容易，比如沙洋县甚至在2014年实现了农民用水户协会对灌溉面积的全覆盖，但是这类自主治理的组织要具备治理能力却并不容易。虽然笔者对沙洋县的考察表明该县大多数的农民用水户协会并不是严格意义上的灌溉用水户组成的自主治理组织，但是少数可以称得上是灌溉用水户组成的自主治理组织的，其运转的效果亦不好，并且很快就解散而不复存在了。后一类农民用水户协会之所以难以持续下去，最直接的原因在于治理能力不足，用水户协会难以有效地向用水户收缴水费，经济上难以维持运转，则协会组织当然难以存续。所以通过政策引导农民组建用水户协会很容易，但是要使用水户协会具备治理能力却并不容易。

虽然大量的农民用水户协会难以发挥效用，有些协会甚至是名存实亡，但是农田灌溉却需要继续，灌区末端依然需要形成基本的取水秩序。在农业型地区，每年的防汛、抗旱时节，地方政府都要动员起相关的机关单位、灌溉管理组织等主体来共同开展灌溉、排水工作，村社组织是被动员起来的灌区末端治理主体。一方面是因为一些农民用水户协会自身已经难以运转下去，所以它难以成为地方防汛、抗旱事务中灌区末端治理主体；另一方面防汛、抗旱工作作为一种应急性的灌排解决方案，它既难以促进灌区末端治理主体治理能力的提升,还可能为其带来经济负担①,如果农民用水户协会自身的治理能力欠缺,它是没有积极性来介入的;对于行政主体来说,动员村社组织显然比动员纯社会性的农民用水户协会要相对容易。所以,灌区末级渠系的治理从改革村社组织这一治理主体开始,但是在防汛、抗旱事务中又再次需要利用该主体开展灌溉及排水管理。

在防汛、抗旱事务中,行政体制依然需要动员村社组织来开展灌溉、排水管理,但是依然需要明确的是,村社组织开展灌溉管理本是农田水利发展制度改革的内容,所以被动员起来的村社组织开展灌溉(灌排)管理的内容、机制已经与早前其作为常规化的灌区末端治理主体形成了差异。在现阶段村社组织开展灌溉管理的传统机制已经被打破,虽然被动员起来参与灌溉管理,但是其积极性是欠缺的。进一步讲,由于灌区末端欠缺有效的治理主体,农户必然开始争夺灌区末端有限的公共灌溉资源,比如本书第三章列举的侵占公共堰塘的行为,灌区末端的公共性由此遭到破坏,灌区末端的公共治理会更加难以进行。所以,虽然村社组织在防汛、抗旱时节被动员起来开展灌溉管理,但是这并不意味着灌区末端有效治理的达成。

(四) 农民用水户协会与村社组织的比较

虽然农民用水户协会是当前的农田水利发展政策所主张的灌区末端的治理主体形式,但是笔者的研究却表明村社组织不仅曾经是灌区末端重要的治理主体,并且它现在依然是灌溉管理中不可缺少的主体,并依然发挥着积极的作用。所以,与当前制度改革的取向不同,本书主张将村社组织,或者说是农村集体经济组织作为灌区末端治理主导的主体形式,并以此为基础来构建灌区末端的治理主体。虽然在实务中,农民用水户协

① 这种经济负担还是由于水费收缴不齐造成的负担,村社组织被动员起来参与防汛、抗旱,在水费收缴不齐的时候可以向地方政府申请防汛、抗旱补贴,但是有的时候也不一定能够获得足额补给。

会的推广遭遇了"层级推动-策略响应"的状况,村社组织依然是防汛、抗旱中行政主体动员的开展灌区末端治理的主体,但是本书提出以农村集体经济组织作为灌区末端治理最主要的主体形式的主张,依然有必要对农民用水户协会和农村集体经济组织进行适度的比较研究。

笔者首先要对这两类主体开展公共事物治理的原理进行比较。农民用水户协会的本质是开展公共灌溉管理的社会化组织。如果参考我国农民用水户协会的相关制度规定,可以看到农民用水户协会主要通过少数服从多数的民主表达机制来达成公共意志,并且将这一公共意志执行下去。如果主要参看农民用水户协会的理论应用,则农民用水户协会开展公共事物治理的原理是,协会利用其社会基础达成灌溉管理的公共意志并执行它。总而言之,它没有行政权力的介入,仅仅是社会组织依据自身的社会基础,通过少数服从多数的民主机制或者其他机制,达成公共灌溉管理的决议并执行的灌溉治理主体。

由农村集体经济组织开展灌区末端治理,是依托已经存在的村社组织的组织结构来开展公共灌溉管理的。具体来说,它是依托村庄的社区结构来表达灌溉用水户的诉求,并在社区范围内达成相应的公共决议并执行。与农民用水户协会类似,村社组织要达成灌溉管理的公共意志,在很多时候也会应用到少数服从多数的民主机制,它当然也可以(可能)利用村庄社区社会基础层面的因素来开展公共灌溉管理。当然,在这里也需要明确农村集体经济组织的特殊性,即农村集体经济组织具有两个层次的组织内涵:其一它是村庄社区组织,村庄社区是农民生活、交往的公共空间范畴;其二它是农村土地所有权的主体。所以农村集体经济组织与其成员之间既是社区组织及其成员的关系,也是经济组织及其成员关系,二者之间的关系既具有社会性的一面,亦具有经济性的一面,虽然这两个层面是可以进行区分的,但是在我国绝大多数村庄,这两个层面都是统一的,并且组织机构上共用一套成员班子。

从开展公共事物治理的原理来看,农民用水户协会与农村集体经济组织本身具有很大程度的相似性,虽然农村集体经济组织与其成员之间有着土地所有权与承包经营权层面的经济关系,但是这并不必然转化成为开展公共事物治理的积极要素或消极要素。公共事物治理原理层面的比较,并不能证明农民用水户协会相较于农村集体经济组织的优越性,当然,相反的结论亦不能得到证明。但是,上述分析实际上也表明了农村集体经济组织开展公共灌溉管理的可能。不仅如此,农村集体经济组织实质上也是社会化组织的一种类型,所以,灌区末级渠系的治理对"治理理论"的采纳并不排斥对农村集体经济组织这一治理主体的采用。

在这里还有必要对农村集体经济组织开展灌溉管理的几种常见的观点进行重新审视。第一种观点是我国的"三农"政策对基层政权抱以高度警惕,农村税费改革以后,基层政权不再被允许向农民收取任何费用,所以基础政权往往也不敢随意赋权给村社组织,比如赋权其征收灌溉管理费可能也会被认为是加重农民负担的表现。在农业税费时期,村级组织虽然被调动起来与乡镇形成了"乡村利益共同体",导致一些地区由此出现了农民负担加重的情形,但是农村税费改革以后,基层政权的运转机制已经发生了改变,原先的乡村利益共同体的局面也已经发生了改变,基层政权可以也应该被利用起来进行村庄治理,与此同时村社组织这一主体形式也不应当为灌溉发展所排斥。第二种观点是将村社组织开展灌溉管理视作行政权力主体开展的灌溉管理,虽然在农业税费时期,由于灌溉水费常常与农业税费一同收缴,而农业税费的收缴有的时候利用到了行政权力,但是农村改革以后,国家权力已经退出了村庄一级,村社组织总体上来说是社会化的组织,虽然不可否认其在开展管理的过程中有对行政权力的利用。所以,在农业税费时期村社组织开展灌溉管理从根本上讲还应当算作是农田水利的社会化治理。

农村集体经济组织在大多数时候都能够满足农田水利共同体的单位条件,这就正如上文所述,在我国,基本灌溉单元基本上也就是一个村民小组的灌溉面积,因为在农田水利工程建设之初即考虑了"行政区划"的要素,在灌溉系统的末端也相当于对社区基础条件有所考虑。换句话说,农村集体经济组织在大多数时候都能够成立灌区末端的水利共同体,所以由具备生产、生活共同体形态的农村集体经济组织开展灌溉管理是可能的。

灌区末端要进行社会化的治理改革,建立社会化的治理组织,当然需要充分考虑社会基础条件,对已有的社会结构可以进行适当的利用。那么,基于上文的阐述,笔者认为在灌溉系统末端,或者说在基本灌溉单元,可以直接采用农村集体经济组织作为治理主体。事实上,在实践中也有不少农民用水户协会与村社组织是完全重合的,在这种情形下如果说农民用水户协会是一种全新的灌溉治理主体,会引起一定的政策误导。既然本身可以利用村社组织这样已有的社会结构,灌区末端的治理主体改革也没有必要完全另辟蹊径,否则的话仅仅只是徒增改革的成本,新的治理主体可能也会缺少必要的社会关联而难以拥有治理能力。

总的来说,笔者主张在灌溉系统末端以农村集体经济组织作为主导的治理主体形式。除了这种主导的治理主体形式以外,灌区末端当然也可以形成其他的治理主体形态。灌区末级渠系是一个以灌区末端公共单位为基础展开的治理结构,下面将以农村集体经济组织作为灌区末端主导的治理主体形式为基础,讨论在不同的治理模式下灌区末级渠系的治理主体。

二、治理模式与灌区末级渠系治理主体

(一)总体治理模式下的治理主体

在总体治理模式下,我国灌区末级渠系的治理主要可以有(组建)两种类型的主体。

第一种类型的主体是农村集体经济组织。如果单位斗渠(包含部分支渠)控制的灌溉面积完全属于一个农村集体经济组织的耕地面积,则这样的灌区末级渠系系统可以直接交由农村集体经济组织进行管理。

第二种类型的主体是农民用水户协会。与上述情况不同,如果单位斗渠(包含部分支渠)控制的灌溉面积涉及多个农村集体经济组织的耕地面积,在总体治理模式下,还可以组建农民用水户协会开展末级渠系治理。

(二)分层治理模式下的治理主体

在分层治理模式下,我国灌区末级渠系的治理主体主要是农村集体经济组织。在这里也可以参照总体治理模式下治理主体类型的讨论方式,即依据单位斗渠控制的灌溉面积与农村集体经济组织耕地面积之间的关系进行区分。

第一种情形是单位斗渠(包含部分支渠)控制的灌溉面积完全属于一个农村集体经济组织的耕地面积,这样的灌区末级渠系系统应当交由农村集体经济组织进行管理。需要说明的是,由于是分层治理模式,其中基本灌溉单元的管理应当交由村民小组一级的农村集体经济组织实施管理,其中的斗渠(包含部分支渠)应当交由村一级的农村集体经济组织进行管理。

第二种情形是单位斗渠(包含部分支渠)控制的灌溉面积涉及多个农村集体经济组织的耕地面积。在实践中,如果出现这种情形,同时又需要实施分层治理时,应当对治理模式进行调整,将分层治理模式调整为复合治理模式。这是因为当这种情形出现时,由于农村集体经济组织可以负责基本灌溉单元的管理,并且相关的农田水利工程产权已经确立给了农村集体经济组织[1],如果实施分层治理模式意味着需要对灌区末级渠系进行产权整合,考虑到这部分制度变革的高昂成本,在这种情形下就应当实施复合治理模式,因为复合治理模式并不涉及对农村集体所有的水利工程进行产权调整。

---

① 基本灌溉单元内的农田水利工程归农村集体经济组织所有是当前农田水利工程产权模式的普遍形态。

总的来说，由于分层治理模式在实践中并不存在上述第二种情形的可能，只存在单位斗渠（包含部分支渠）控制的灌溉面积属于同一个农村集体经济组织的耕地面积这一种情形，所以只有农村集体经济组织这一种灌区末级渠系治理主体类型。

（三）复合治理模式下的治理主体

在复合治理模式下，我国灌区末级渠系的治理应当由农村集体经济组织和灌溉用水户协会共同实施。在这里也可以参照上述区分方式进行讨论。

第一种情形是单位斗渠（包含部分支渠）控制的灌溉面积完全属于一个农村集体经济组织的耕地面积。在这种情形下，虽然灌区末级渠系中的基本灌溉单元与斗渠（包含部分支渠）可以进行区分治理，但是完全可以由农村集体经济组织统合起来进行分层次的治理，因而更适宜实施分层治理模式。

第二种情形是单位斗渠（包含部分支渠）控制的灌溉面积涉及多个农村集体经济组织的耕地面积，在这种情形下基本灌溉单元的管理应当交由农村集体经济组织实施，同时应当在斗渠（包含部分支渠）上组建灌溉用水户协会。需要明确的是，灌溉用水户协会与农民用水户协会并不是相同的灌区末级渠系治理主体，前者是在斗渠（包含部分支渠）上组建的灌溉管理主体，其成员是各基本灌溉单元的管理主体，即农村集体经济组织；后者是整个灌区末级渠系的管理主体，其成员是灌溉用水户。

总的来说，在复合治理模式下，灌区末级渠系应当有两个治理主体，即农村集体经济组织和灌溉用水户协会，这两者之间并不是并列且需要进行类型选择的关系，而是需要相互结合共同实施灌区末级渠系治理的关系。

第三节　农田水利治理的制度建设

2015 年 2 月发布的《中共中央国务院关于加大改革创新力度加快农

业现代化建设的若干意见》(2015 年中央一号文件)专门提出了"围绕做好'三农'工作,加强农村法治建设"的要求,并具体指出了要"依法保障农村改革发展",还进一步从立法、执法和司法的层面提出了农村改革法治化的操作步骤。这是对我国农村改革推进的新要求,依法实施的农村改革也必将营造出良好的农村发展新局面。

灌区末级渠系的治理只是我国农田水利改革发展的重要组成部分,所以其法治化并不需要进行专门的部门立法,可以在农田水利的相关法律制度中进行规范。不仅如此,灌区末级渠系的治理还与水资源管理和农业治理的相关领域密切关联,所以部分内容也可以在这些相关法律制度中进行规范。基于前面几个章节的讨论,笔者认为明确灌区末级渠系的治理主体并加强其治理能力是当前治理农田水利"最后一公里"困境的根本出路,从这个意义上讲,我国灌区末级渠系治理的制度建设应当包含三个方面的主要内容:一是灌区末级渠系治理主体制度建设,二是我国农业水权配置制度建设,三是灌区末级渠系水利工程产权制度建设。

一、灌区末级渠系治理主体制度建设

第四章的讨论已经明确了我国灌区末级渠系治理有三种主体类型,即农村集体经济组织、农民用水户协会及灌溉用水户协会,下面将分别阐述这三类主体法律制度建设的基本内容。

(一) 农村集体经济组织灌溉管理制度建设

需要说明的是,由于农村集体经济组织并不是开展灌区末级渠系治理的专门组织,所以本部分并未使用"农村集体经济组织法律制度建设"的概念,而是将法律制度建设的内容限定在与其灌溉管理职能相关的范围内。

1. 农村集体经济组织的灌溉管理职能

第四章的讨论已经表明了不论是在总体治理模式下,还是在分层治理模式下,抑或是在复合治理模式下,都有农村集体经济组织开展灌溉管理事务的内容。很显然，在不同的治理模式下，农村集体经济组织开展灌溉管理事务的内容不尽相同，下面将分别阐述。

在总体治理模式下，由农村集体经济组织对灌区末级渠系开展整体性的管理，这里的农村集体经济组织通常指的是村一级农村集体经济组织。在这种状况下，农村集体经济组织是向规模水利取水的单位，其与灌区水管单位构成供用水合同关系，灌区水管单位一般以计量的方式向农村集体经济组织收取水费，农村集体经济组织取得定量的水以后，再为用水户提供灌溉服务。农村集体经济组织提供灌溉服务的成本由取水成本、水利工程的管理成本等部分构成，并通过集体经济收入来支付这部分成本，集体经济收入则由两部分构成：一部分是集体经营性收入，另一部分是集体经济组织向农户收取的相关费用。需要说明的是，农村集体经济组织向农户收取的这部分费用，在名称上或可以称为是灌溉服务费、共同生产费等，但是其成立的基础法理依据是农村集体经济组织是集体土地所有权的代表人，农户是集体土地的承包经营权人，基于土地的所有权与承包经营权成立了两者之间"地租性"费用的收取关系。

在分层治理模式下，由农村集体经济组织对灌区末级渠系开展整体性的管理，在这里，农村集体经济组织通常指的也是村一级的农村集体经济组织。与总体治理模式类似，在分层治理模式下，农村集体经济组织开展的灌溉管理事务也由两部分构成：一部分是以取水单位的身份向灌区水管单位取水，另一部分是向用水户提供灌溉服务。与总体治理模式不同的是，在分层治理模式下，农村集体经济组织对灌溉管理总成本的分摊规则设置得更为精细一些，斗渠的管理成本在整个灌溉面积中均摊，基本灌溉单元的管理成本在基本灌溉单元的土地面积中均摊，但是两者收取灌溉管理费用的原理是相同的。

在复合治理模式下，农村集体经济组织是基本灌溉单元的管理主体，这里的农村集体经济组织指的是村民小组一级的农村集体经济组织。在复合治理模式下，农村集体经济组织向斗渠（包含部分支渠）的管理主体灌溉用水户协会取水,再为基本灌溉单元内的用水户提供灌溉服务。灌溉管理总成本的形成和分摊机制与总体治理模式下的相关内容类似,在此不再赘述。

2. 相关法律制度建设的内容

农村集体经济组织作为农业生产性公共事物治理的主体,其法律制度建设主要包括以下几个方面的内容。

首先,对农村集体经济组织作为农业生产性公共事物管理权主体的法定赋权,这一赋权应当在我国的《中华人民共和国农业法》和相关的法律制度中进行规定。就本书讨论的灌溉发展事务来说,应当在《中华人民共和国农业法》中表明农村集体经济组织是农业生产性公共服务的供给主体,其中包括供给灌溉服务。

其次,从加强农村集体经济组织供给公共服务的能力来说,目前最基础性的措施就是要改变当前农村集体土地所有权被不断弱化的局面。具体来说,农村集体经济组织提供公共服务的能力显然受制于其经济能力,上文已经表明了集体经营性收入与土地的"地租性"费用收入构成了集体经济组织的经济来源,目前全国绝大多数农村集体经济组织都缺乏经营性收入,由于农村本身就是各种资源要素不断外流的区域,整体上提升农村集体经济组织的经营能力与经营收入本身就难以实现,但是农村集体经济组织却可以依托集体土地所有权产生基础性的集体经济收入。不过当前农村集体土地所有权在土地法律制度上是被不断弱化的,与之相对的是农户享有的承包经营权被不断强化,这导致了基于土地所有权来产生"地租性"的集体经济收入也变得难以实施。但是,需要明确的是,土地承包经营权走向物权化,集体土地所有权被不断弱化,甚至可能出现的土地私有化的局面并不是土地制度发展的必然趋势,本书的讨论认为我国社会主义公有制下特有的集体土地所有权具有相当的制度优势,特别是在农业的生产性公共服务供给方面,从这个意义上讲,我们应当要防止集体土地所有权被过度弱化。

（二）农民用水户协会制度建设

下面将从农民用水户协会的灌溉管理职能、法律属性和相关法律制度建设内容三个方面展开本小节的论述。

1. 农民用水户协会的灌溉管理职能

在第四章的讨论中已经阐明了，农民用水户协会是存在于总体治理模式中的一类灌区末级渠系治理（管理）主体。与总体治理模式还可以形成的另一类治理主体农村集体经济组织相同，农民用水户协会开展的灌溉管理工作主要由两部分内容构成：一部分是农民用水户协会作为取水单位向灌区水管单位取水，另一部分是农民用水户协会将取得的定量水配置下去，为用水户提供灌溉服务。虽然灌溉管理的内容相同，但是农民用水户协会开展灌溉管理的基础原理与农村集体经济组织却完全不同。

在总体治理模式下，如果由农村集体经济组织承担灌溉管理工作，灌溉管理的总成本由集体经济支出；如果农村集体经济组织的经营性收入不足以承担这部分支出，则农村集体经济组织会向农村土地的承包经营主体收取一定的费用。所以，由农村集体经济组织开展灌溉管理，在表现形式上是农村集体经济组织向用水户提供灌溉服务，用水户也向集体经济组织交纳一定的费用。由农民用水户协会开展灌溉管理也具有上述表现形式：用水户协会向用水户提供灌溉服务，用水户向协会交纳灌溉服务费。虽然表现形式类似，但农村集体经济组织向用水户收取费用的原理却与农民用水户协会的截然不同：前者是基于土地所有权与承包经营权的关系收取费用，并进一步将这些费用用于提供灌溉服务；后者是协会在民主议事的基础上形成了灌溉管理的公共规则，协会参照这一规则向用水户提供服务并收取费用。

2. 农民用水户协会的法律属性

农民用水户协会是开展灌区末级渠系治理的社会化自治组织。

大陆法系一般将法人分为公法人和私法人，私法人又分为社团法人和财团法人，继而又将社团法人分为营利法人和公益法人。这种划分方式为大多数大陆法系国家所采纳。一般认为，公法人是为了满足公共需要和改善公共福利为目的而设立的法人，私法人是为其成员的财产利益或其他利益目的而设立的法人。对于公法人与私法人的划分标准有多种主张：一是主张以法人设立依据的法律为标准，凡以公法设立的法人为公法人，依私法设立的法人为私法人；二是主张以法人的设立者为标准，国家或公共团体是公法人，其他组织是私法人；三是主张以是否行使或分担国家权力为标准，行使或分担国家权力者为公法人，否则为私法人。

　　我国虽属大陆法系国家，但是并未采纳上述理论。我国于1987年实施的《中华人民共和国民法通则》规定了四类法人，即企业法人、机关法人、事业法人和社会团体法人。这表明我国只在私法领域使用了"法人"这一概念，即使机关法人、事业法人依公法而组建形成，但是民法只是从规范民事法律关系的角度对它们进行了制度设计，这些制度设计关注的重点是这些法人的民事行为能力。而在公法领域，我国实际上并未采纳"公法人"的概念，而是使用了"行政主体"这一概念，我国的行政主体包括行政机关和法律法规授权的组织两类①。行政机关包括国务院、国务院的组成部门、国务院直属机构、国务院部委管理的国家局、地方各级人民政府、地方各级人民政府的职能部门，法律法规授权的组织主要包括经法律法规授权的国务院办事机构、派出机关和派出机构、行政机关内部机构和其他组织。判断是否具有行政主体资格的要件主要有须为依法享有行政职权的组织、须能以自己的名义实施行政活动、须能够独立承担行政责任。②

　　农民用水户协会是开展灌区末级渠系这一公共事物治理的社会团体，这一公共事物领域原则上应当由行政主体治理，但是治理理论的提出表明社会主体亦具有开展高效的公共事物治理的可能。采纳公法人与私法人分类理论体系的国家，将这类新的公共管理主体确立为"公法人"，台

---

① 罗豪才.行政法学[M].北京：北京大学出版社，2001：34.
② 应松年，薛刚凌.行政组织法[M].北京：法律出版社，2002：114.

湾地区对农田水利会的规范即是如此。但是大陆地区的法律制度设计并未采纳公法人与私法人分类的理论体系，在我国的行政主体制度框架下，农民用水户协会应当属于行政主体中法律法规授权的其他组织。

在我国农业经济法律体系中，农民用水户协会属于农业合作经济组织中的协会组织类型。以农业合作经济组织组建和运转的基本内容为依据，我国农业合作经济组织主要有两种类型：一种是协会类型，另一种是合作社类型。协会类型的农业合作经济组织的基本特征是：①它属于社团组织，不是经济实体，协会与成员之间不发生交易关系；②成员入会时缴纳会费而不是股金；③无盈余，因而也不对成员进行二次分配，组织与成员之间的利益关系相对松散。合作社类型的农业合作经济组织的基本特征是：①属于特殊企业，合作社与成员之间发生交易关系；②社员入会时需出资或缴纳股金；③盈余部分，对社员实行按交易额二次返还，合作社与成员之间的利益关系相对紧密。① 从农民用水户协会的组建和运转来看，它属于协会型农业经济合作组织类型。

与此同时，农民用水户协会也具有一定的民事行为能力，能够成为民事法律关系的主体，我国民事法律关系主体由自然人、法人和其他组织构成，农民用水户协会属于"其他组织"类型的民事主体。上述三个层面共同构成了农民用水户协会的法律属性。

3. 农民用水户协会法律制度建设的基本内容

在明确了农民用水户协会的基本职能和法律属性的基础上，可以从以下几个方面来展开农民用水户协会的法律制度建设。

首先，在相应的农田水利法律制度中明确农民用水户协会的灌溉管理权主体地位。公共事物的管理权一般掌握在行政主体手中，治理理论表明了社会主体自主开展公共事物治理（管理）的可能，农民用水户协会

---

① 农业部软科学委员会办公室.农村基本经营制度与农业法制建设[M].北京：中国财政经济出版社，2010：114.

是治理理论在灌区末级渠系这一公共事物治理领域应用的结果。所以,农民用水户协会法律制度建设的基本步骤就是要明确在灌区末级渠系这一公共事物治理领域,可以将灌溉管理权确立给或者是转移给农民用水户协会,明确农民用水户协会的灌溉管理权主体地位。

其次,明确农民用水户协会的法定内涵。可以将农民用水户协会的法定内涵概括为:农民用水户协会是一定灌溉区域内的用水户在民主协商的基础上组建的开展灌区末级渠系治理的社会团体。

再次,确立农民用水户协会的组建程序。农民用水户协会应当主要以渠系为依据组建,具体来说大多数情况下以斗渠为单位组建,少数情况下以支渠为单位组建。农民用水户协会的组建不需要获取灌溉区域内全体用水户的一致同意,从原则上讲,只需要大多数人同意即可申请组建,并且协会建成以后,公共灌溉区域内的所有用水户都自然成为协会成员(会员),即使是在协会建成以前对协会组建持否定态度的用水户。

复次,明确农民用水户协会组织机构的构成。农民用水户协会的组织机构应当包含权力部门、执行部门和监督部门。农民用水户协会的组织机构是其成员大会或者成员代表会,协会的成员规模数量大,其权力机构应当设置为成员代表会,反之,则可以设置为成员大会。农民用水户协会的权力机构可以进行常设机关的设置,还可以设置理事会作为其执行部门。其还需要有监督机构,规模较大的协会可以设立监事会,规模较小的协会也至少应当设立有监事员。

最后,确立农民用水户协会运转的一般规则。由于农民用水户协会参照具体的协会章程开展灌溉管理,相关的法律制度建设只对协会的运转规则做一般性的规定,主要涉及协会工作的基本内容、原理和原则。

(三) 灌溉用水户协会制度建设

下面将从灌溉用水户协会的灌溉管理职能、法律属性和相关法律制度建设的基本内容三个方面展开本小节的论述。

1. 灌溉用水户协会的灌溉管理职能

如上文所述，在复合治理模式下，需要在斗渠(包含部分支渠)渠段组建灌溉用水户协会开展灌溉管理。与农民用水户协会相同的是，灌溉用水户协会也是社会化的灌溉管理组织；与农民用水户协会不同的是，灌溉用水户协会的成员是基本灌溉单元的管理主体，即农村集体经济组织。

灌溉用水户协会的基本职能是维持斗渠(包含部分支渠)渠段上的配水秩序。具体来说，它一方面是向规模水利取水的单位，与灌区水管单位构成供用水合同关系；另一方面它是向各基本灌溉单元配水的主体，与各农村集体经济组织构成社会化公共管理(治理)组织及其成员的关系。灌溉用水户协会需要安排斗渠(包含部分支渠)上的配水秩序，同时要向作为其成员的各农村集体经济组织收取治理成本以维持其持续运转，治理成本的分担既可以用水计量的方式计算，也可以灌溉受益面积计算，还可以综合上述两者进行计算。并且农村集体经济组织需要履行的义务不仅是相关费用的承担，也可能包含劳务负担。灌溉用水户协会为基本灌溉单元提供配水服务，基本灌溉单元向灌溉用水户协会提交水费的基础依据都是协会的章程规则。

2. 灌溉用水户协会的法律属性

与对农民用水户协会的法律属性的分析相似，应当从三个方面理解灌溉用水户协会的法律属性。首先，灌溉用水户协会是开展支渠、斗渠治理的社会团体，是依据治理理论开展公共事物治理的社会组织，由于我国的法律制度设计并未采纳公法人与私法人分类理论体系，在我国的行政主体制度框架下，灌溉用水户协会应当属于行政主体中法律法规授权的其他组织。其次，在我国农业经济法律体系中，灌溉用水户协会也应当是属于协会类型的农业经济合作组织。但是应当明确的是，灌溉用水户协会的成员并不是个体农户，而是作为基本灌溉单元治理主体的农村集体经济组织。最后，灌溉用水户协会也具有一定的民事行为能力，能够成为民事法律关系的主体，我国民事法律关系主体由自然人、法人和其他组织构成,灌溉用水户协会属于"其他组织"类型的民事主体。

3. 灌溉用水户协会法律制度建设的基本内容

关于灌溉用水户协会的管理职能及其法律属性的基础依据,其法律制度建设应当主要包括以下几个方面的内容。

首先,明确灌溉管理权的归属。灌溉用水户协会是开展斗渠(包含部分支渠)治理的社会团体,由其开展相应的灌溉管理工作的基础就是将相应的灌溉管理权确立给或者是转移给灌溉用水户协会。灌溉管理权的归属可以在灌区(灌溉)管理或农田水利法律制度体系中予以明确。

其次,明确灌溉用水户协会的法定内涵。灌溉用水户协会可以被界定为在支渠、斗渠上依照民主自治原则组建的,开展渠道配水管理的社会团体,其成员是渠道受益范围内的农村集体经济组织。

再次,明确灌溉用水户协会的组建程序。与农民用水户协会的组建类似,灌溉用水户协会的组建也应当遵循少数服从多数的民主原则,只要多数受益主体同意,即可以提出组建申请,协会组建完成以后,其受益面积内的农村集体经济组织均转为其成员。

复次,确立灌溉用水户协会的组织机构。灌溉用水户协会作为对斗渠(包含部分支渠)进行治理的社会化的自治组织,其组织机构应当包含三个构成部分,即权力机构、执行机构和监督机构。由于灌溉用水户协会的成员是斗渠(包含部分支渠)以下的治理意义上的基本灌溉单元,所以协会的成员规模一般并不会很大,最多可能达到十多个,这意味着权力机构可以直接采用会员大会的形式,权力机构还可以设立会长职位作为其常驻机构。灌溉用水户协会还需要设立执行机构来具体负责灌溉治理事务的执行,但是执行机构应当尽量保持小规模,因为灌溉是季节性事务,一般不需要大量的常规工程人员,并且大量的工作还可以通过临时雇佣的方式实施,这也是减少灌溉管理成本的方法。执行机构按照权力机构执行的协会章程等规则行事。监督机构的设置主要是为了对相关财务事项进行监管。

最后,明确灌溉用水户协会运转的一般规则。关于灌溉用水户协会的运转制度,主要是要明确协会的各组织机构之间的关系,以及基本的事务执行原则。灌溉用水户协会开展支渠、斗渠管理的具体规则是协会章程。

二、我国农业水权配置制度建设

农业水权与农田水利的发展紧密关联,在目前环境资源可持续利用的要求下,农业水权的获取是农田水利发展的前提,也就是说只有在已经取得农业水权的前提下,才能够实施水利工程建设,对该水权含义下的水资源进行开发利用。对于灌区末级渠系的治理来说,农业水权的配置决定了其基础性的治理能力。

(一) 水权与农业水权

当前在我国关于水权问题的研究中,水权的定义并没有一个主导性的观点。在水权的定义上形成了"一权说""二权说""三权说"以及"多权说"等观点。"一权说"以裴丽萍、崔建远为代表,不过二者对概念的表述并不相同,裴丽萍认为水权具有可交易性,因而提出了可交易水权的概念,其认为可交易水权是"法定的水资源的非所有人对水资源份额所享有的一束财产权,它主要包括比例水权、配水量权和操作水权"[①]。而崔建远则将水权表达为"取水权",指的是"权利人依法从地表水或地下水引取定量之水的权利"[②]。"二权说"认为水权是指水资源的所有权和使用权[③]。"三权说"以姜文来为代表,其认为水权指"在水资源稀缺条件下人们有关水资源的权利的综合(包括自己或他人受益或受损的权利),最终可以归结为水资源的所有权、经营权和使用权"。[④] "多权说"的观点相对

① 裴丽萍.可交易水权研究[M].北京:中国社会科学出版社,2008:95.
② 崔建远.自然资源物权法律制度研究[M].北京:法律出版社,2012:227.
③ 汪恕诚.水权和水市场——谈实现水资源优化配置的经济手段[J].中国水利,2000(11):6-9;关涛.民法中的水权制度[J].烟台大学学报(哲学社会科学版),2002(4):389-396.
④ 姜文来.水权基本理论研究[EB/OL].(2005-09-07)[2015-08-20]http://www.abd.cn/papers/shuiziyuan/20051111/paper2417.shtml.

庞杂,但总的来说,都认为水权是包括水资源所有权和使用权在内的一组权利。[①]

之所以对水权的定义有着多种理解,笔者认为是由水资源自身复杂的属性所决定的,水资源的复杂属性带来了其多种形式、多个层次的利用可能,进而会产生不同的水权内涵诉求。在水资源的自然属性中,其作为人类生产生活必需品和稀缺性的层面决定了水资源管理的必要性,水资源管理是水这类自然资源为我们可持续利用的必要措施。因而笔者主张从水资源管理的层面来理解水权的含义。水资源管理需要解决的一个基础性的问题是其利用分配问题,由此所有权与准许利用的"取水权"构成了水资源管理制度体系的基本内容。事实上,在许多国家的立法体例中,在明确水资源国家所有的前提下,水权均采纳了"一权说"的体例,水权即取水权,美国水权制度即是如此。

但是我国的水资源利用系统存在特殊性,以农业用水为例,我国是小规模家庭经营农业,与美国大农场经营农业在用水管理上有着根本的区别。美国的大农场经营农业,农业水权可以直接归属农场主,数个农场主即可形成一个灌区管理机构,对相应的水资源进行开发利用,当然其中也需要国家对工程建设给予支持。在我国小规模家庭经营农业中,农田水利的发展模式与美国的是完全不同的,农田水利中的渠首工程、骨干渠道都是国家建设并管理的,灌溉用水户从灌区水管单位取水灌溉。而在我国的水资源管理体系中,通过设置取水许可证制度对取水进行控制,取水权实际上被赋予了渠首水利工程的所有权人[②],而取水权与真正对水资源进行利用的主体并不同一。由此在我国的水资源管理系统中必然存在三个相关权利主体:水资源的所有权人、取水权人和使用权人,其中后两者在有些情况下是同一的。而水权是旨在实现水资源合理配置的概念,它既需要关注水资源的初始分配问题,也需要关注初始分配基础上相关

---

①　黄锡生.论水权的概念和体系[J].现代法学,2008(4):134-138.

②　崔建远.关于水权争论问题的意见[J].政治与法律,2002(6):29-38.

主体在水资源利用上的协调与流转，从这个意义上讲，水权应当指代对水资源的使用权。因而，本书主张将水权定义为权利人依法从地表水或地下水引取定量之水并进行利用的权利。

水权根据其利用领域的不同可以分为工商业水权、农业水权、生活水权、环境水权等类型。本书所讨论的农业水权，指的是权利人依法从地表水或地下水引取定量之水用于农业类生产的权利。虽然农业类生产用水包含灌溉、养殖等多种利用领域，但是灌溉用水在农业用水中占据绝对主导地位。关于农业水权的讨论最核心的话题是其转让问题，考虑到在这个问题上，农业用水中的灌溉、养殖等用途的区分基本不影响转让制度的设计，本书直接采纳农业水权的概念，而不再进一步进行灌溉水权、养殖类水权的区分。

(二) 我国水权制度的一般规定

当前我国正处于水权制度建设阶段，科学完备的水权制度体系尚未形成。不过，颁布实施的若干法律法规中已经涉及了一些水权制度规范，本小节将对之进行初步的梳理。

首先，《中华人民共和国水法》明确了水资源的所有权属于国家。第三条规定："水资源属于国家所有。水资源的所有权由国务院代表国家行使。农村集体经济组织的水塘和由农村集体经济组织修建管理的水库中的水，归各该农村集体经济组织使用。"

其次，国家对水资源管理的基本方法是实施取水许可证制度和有偿使用制度。《中华人民共和国水法》第七条规定："国家对水资源依法实行取水许可制度和有偿使用制度。"当然，并不是所有的取水行为都以取得取水许可证为条件，家庭生活及零星散养、圈养畜禽饮用等少量取水无须以取水许可为前提，农村集体经济组织及其成员使用本集体经济组织的水塘、水库中的水亦无须以取水许可为前提。

最后，为了健全水权转让，促进水资源的高效利用和优化配置，水利部于2005年专门发布了《水利部关于水权转让的若干意见》(水政法

〔2005〕11号文件）（以下简称《水权转让意见》）。《水权转让意见》对水权转让的表述是"指水资源使用权转让"。这一规定一是明确了水权转让是对水资源使用权的转让，二是在我国的水资源管理的制度体系中创建了使用权的核心概念之一，使得我国水资源管理的制度体系中形成了以所有权、取水权和使用权为构成部分的权利体系。

总的来说，我国水资源管理制度体系中水资源配置的层面主要包含三个方面的内容：①水资源所有权为国家所有，国务院代表国家行使水资源所有权；②相关主体在修建相关水利工程前需要向国务院授权的水行政主管部门申请取水许可证，取水许可证获得批准，并缴纳水资源费以后，该主体获得取水权；③农村集体经济组织地域范围内的水塘、水库，其主要功能之一是蓄积雨水并进行利用，这种类型的水利工程的建设属于对非常规水资源的开发利用，该类水利工程需要在水行政主管部门水利发展规划下实施，《中华人民共和国水法》第二十五条还规定："农村集体经济组织修建水库应当经县级以上地方人民政府水行政主管部门批准。"因而，关于农村集体经济组织的水塘和农村集体经济组织修建管理的水库的取水权，可以说在水利工程建设审批之时已经赋权给了农村集体经济组织。《中华人民共和国水法》又规定了，"农村集体经济组织的水塘和由农村集体经济组织修建管理的水库中的水，归各该农村集体经济组织使用"，所以在农村集体经济组织的范围内，取水权与水资源使用权的主体同一。但是也可以看到，在我国当前水资源管理的制度规范体系中，针对规模水利工程的取水权是明确的，但是水资源的使用权主体则并不明确。

（三）我国农业水权主体与初始水权配置

正如钱焕欢等人在对我国水权配置制度的不足进行总结时所表述的，"使用权主体模糊"[①]是其中的一个关键问题。农业水权主体的确立，

[①]　"我国现有水权配置制度的缺陷有以下几点：a. 所有权主体虚化；b. 使用权主体模糊；c. 水权不可转移，缺乏法律支撑；d. 缺乏水权交易市场体系；e. 水价偏低。"参见：钱焕欢，倪炎平. 农业用水水权现状与制度创新[J]. 中国农村水利水电，2007(5)：138-141.

或者说农业水权的初始配置到底应当配置给谁，是农业水权制度中的一个关键问题，初始水权配置不明被认为是水权转让难以展开的基本原因。

关于农业水权的初始配置在不少的研究中都存在误区，即认为取水权是初始水权配置的唯一方式，进一步水权转让也就是取水权的转让。从水资源开发利用的过程和国家对水资源利用进行初步管制的措施来看，上述理解有其合理性，因为国家只需要在取水口确立相关制度就可以实现水资源的利用与分配管理。在我国现行的取水许可制度中，灌区建设的前提是取水许可证的取得，而灌区渠首工程和骨干工程的建设主体都是国家，所以取水口的取水权主要掌握在灌区管理单位手中，在这种情况下由于取水权与水资源的利用主体不统一，再来讨论取水权的转让问题是不合适的，因为这种情况下的水权转让势必造成对用水主体权益的侵害。为了使取水权主体与用水主体达成统一，崔建远的主张是"应主要通过建立用水者协会，把现有灌区改造成为法人，使之成为水权主体。它们作为灌溉供水服务机构与特许经营者向农户供水。针对个别地区的特殊情况，只要有利于水资源管理，必要时，拥有较大面积灌溉农田的农户也可以成为水权主体。"[1]

崔建远的研究是基于规则的逻辑演绎，产生水权制度建设对灌区管理改革的要求。但是，灌区管理改革的实践显然并未朝着这个方向发展，取水权主体与用水主体不统一的状态不仅在短期内不可能实现，在我国水权制度体系和灌溉管理体系建成的时候可能也不会实现，原因是我国小农经济的局面还可能维持较长的时间。在小农经济的背景下，用水的组织化与合作化单位很难规模化，在当前村庄范围内的公共灌溉管理都成为问题的时候，灌区管理整体朝着社会化方向发展几乎是不可能的。所以，笔者认为我国的农业水权制度建构应当将取水权主体与用水主体不统一的状态作为一个基本前提来考虑。

---

[1]　崔建远.关于水权争论问题的意见[J].政治与法律,2002(6):29-38.

由于取水权主体与用水主体的不统一，我国水资源管理的制度体系中除了所有权、取水权的概念外，需要设置使用权的概念，正如《水权转让意见》所表述的"水权转让指水资源使用权转让"。而本书对水权概念的利用表达正是权利人依法从地表水或地下水引取定量之水并进行利用的权利。关于农业水权的配置，应当以维持灌溉用水主体的利益为前提，同时也应当与我国的灌区管理制度相匹配。从本书对灌区末级渠系治理制度的讨论来看，虽然我国灌区末级渠系存在着农村集体经济组织、农民用水户协会和灌溉用水户协会 3 种治理主体类型，但农村集体经济组织和农民用水户协会才是真正的用水主体，所以农村集体经济组织和农民用水户协会才是我国农业水权的主体。从这个意义上讲，我国农业水权的初始配置应当配置给农村集体经济组织和农民用水户协会，所获得的农业水权也构成了它们基础的治理资源。当然，在农业水权初始配置的过程中还需要注意的是，在一个取水口下设立的初始水权，其用水总量应当控制在取水权的规定限额以内。

三、灌区末级渠系水利工程产权制度

灌区末级渠系治理的核心问题是相关水利工程的建设、利用和管理问题，所以工程的产权制度显然也是灌区末级渠系治理制度建设的基础内容。

在我国水利工程的相关产权制度中，灌区末级渠系范围内的水利工程一般都被纳入小型农田水利工程的范畴进行规范的制定与实施。在我国，小型农田水利工程与大中型农田水利工程主要是依据工程标准进行区分的，设计灌溉面积 1 万亩以上的灌溉工程，控制除涝面积 3 万亩以上的排涝工程，装机功率 1000 千瓦或者设计流量每秒 10 立方米以上的单座泵站或者泵站系统属于大中型水利工程，其余的水利工程则属于小型农田水利工程的范畴。具体来说，小型农田水利工程包括小型灌区的渠首工程、输水渠道以及本书所讨论的灌区末级渠系工程，在这几个部分的工程中，灌区末级渠系工程在种类上更为多元，占了小型农田水利工程总

量的绝大多数。

我国小型农田水利工程产权制度的发展大体上经历了三个阶段。

第一个阶段是农村人民公社体制时期。这一时期的小型农田水利工程建设主要是依托当时的行政动员体制动员农村劳动力投入实施的。依据当时的灌区管理制度，这些通过行政动员劳动力建成的小型水利工程在所有权上归属各级集体，在管理上由公社和生产大队两级组织分别负责管理，也就是说这一时期水利工程的所有权主体与其利用、管理主体是同一的。并且在这一时期，水利工程供水本身是公益性的，其他的经营功能并未展开，所以这一时期基本上没有小型水利工程的经营制度。

第二个阶段是农村改革以后至农村税费改革以前的时期。这一时期是我国探索小型水利工程产权制度建设的时期。随着行政体制设置的变革，小型农田水利工程在所有权上基本由乡镇集体经济组织和村级集体经济组织分别所有，乡镇集体经济组织所有的水利工程由水利站负责管理，村级集体经济组织的水利工程则由村级集体经济组织自主管理。在这一时期，市场化的要素已经逐步在小型水利工程的产权领域获得应用，主要有两种表现，其一是水利工程开展多种经营，其二是对水利工程的经营管理权进行转让、承包、拍卖，后者是 20 世纪 90 年代末在一些地方开展的，但是并未转化成为普遍的政策或者规范化的制度。

第三个阶段是农村税费改革以后至今。农村税费改革以后，我国大力推进了小型农田水利工程领域的市场化改革。这一市场化的改革主要包括两个方面的内容：其一，积极吸引社会资本投资农田水利建设，水利工程的产权遵守"谁投资、谁所有、谁受益、谁负担"的原则；其二，国家全部或部分投资小型农田水利建设按照受益原则确立产权归属。与此同时，在小型农田水利工程经营、管理领域的市场化依然受到政策鼓励，也就是经营权的转让、承包、拍卖成为小型农田水利工程产权制度改革的基本内容之一。

当前的小型农田水利产权制度改革显然并没有带来农田水利的良好

发展局面,但是对这一改革过程的梳理可以获得以下几点启示:首先,小型农田水利工程产权制度是整体的农田水利发展思路下的一项具体制度安排。其次,随着农田水利朝社会化、市场化方向发展,小型农田水利工程产权制度发展出了工程所有权、使用权和经营权三个核心概念。下面将基于这两点启示,分别讨论在总体治理模式、分层治理模式和复合治理模式下农田水利工程的产权配置问题。

(一) 总体治理模式下的农田水利产权配置

在总体治理模式下,灌区末级渠系的治理(管理)主体是农村集体经济组织或农民用水户协会,所以,农田水利工程的产权配置也主要与这两类主体相关。在灌区末级渠系的治理中,农田水利工程产权配置的总体原则是,有利于灌溉管理主体为用水户提供灌溉服务。下面将分别从所有权、使用权和经营权三个方面来讨论总体治理模式下,灌区末级渠系范围内的农田水利工程应有的产权配置形态。

在总体治理模式下,灌区末级渠系范围内的农田水利工程的所有权应当配置给受益主体,这里的受益主体指的是灌区末级渠系的全体用水户。在总体治理模式下,灌区末级渠系交由农村集体经济组织或农民用水户协会开展公共管理,相关的农田水利工程是共有产权的性质,可以说它是全体灌溉用水户的共有财产,这种农田水利所有权的代表人是农村集体经济组织或农民用水户协会。需要说明的是,上文的相关论述表明了农田水利工程的建设投入情况对其产权的影响,但是应当清楚的是,农田水利工程的建设投入首先受制于其发展模式,所以,在总体治理模式下,也会由于其特有的建设投入模式来塑造农田水利工程共有的产权形态。

在总体治理模式下,灌区末级渠系范围内的农田水利工程的使用权应当归属相应的管理(治理)主体,即归属农村集体经济组织或者农民用水户协会。农田水利工程的使用权是灌区末级渠系的治理主体开展灌溉管理的基础。

在总体治理模式下,灌区末级渠系范围内的农田水利工程的灌排功能是难以设置经营权的,因为灌溉服务本身具有非排他性。值得一提的是,可能出现的一种情形是:灌溉管理主体将一定的水利工程的管理交由一定的市场主体进行,比如,农村集体经济组织将一个小型的泵站交给一个懂点水电技术的农户管理,每年支付给其一定的酬劳,这是水利工程管理职能的市场化,而非为水利工程设置了经营权。但是,在另一方面,水利工程的非灌排功能却可能设置经营权,比如小水库的水面就可以设置经营权,获得经营权的人可以利用水面进行养殖。本书认为,灌区末级渠系范围内的农田水利工程不仅可以设置经营权,而且这类经营权的设置应当市场化,也就是说,相关的经营权不应当只是掌握在农村集体经济组织或者农民用水户协会手中,也可以通过转让、承包、拍卖等方式由市场主体实施。不过,在经营权转移时,灌溉管理主体与这些市场化的经营权主体需要就灌溉功能与非灌溉功能可能形成的冲突达成协定。

如上文所述,建设投入情况是影响农田水利工程产权配置的关键要素,而讨论这一问题的起点又应当是治理模式下特有的农田水利建设投入模式,在这里将对总体治理模式下农田水利的建设投入模式进行阐述,并且表明其对农田水利工程所有权、使用权和经营权的影响。

在总体治理模式下,农田水利工程的建设由灌溉管理主体实施,或者是通过灌溉管理主体实施的。具体来说,农田水利工程可以由灌溉管理主体实施,一般情况下它可以通过向用水户筹资的方式实施,并且它一般还会获得财政资金的支持,这种获取方式是以灌溉管理主体向相关部门进行项目申请的方式进行的,由此,工程建设完成以后的所有权当然地归属受益用水户,使用权当然地归属灌溉管理主体。农田水利工程还可以通过灌溉管理主体实施,也就是说,相关的农田水利工程主要由财政资金投入实施,但是通过灌溉管理组织反映用水户的需求偏好构成工程建设内容的重要部分,这样的工程建设完成以后,国家既可以将之确立为国家所有,也可以将产权转移给受益主体所有,当然在大多数情况下,国家都愿意将之转移给用水户进行自主管理。实际上,灌区末级渠系的一些水利工程的建设还可以引入市场主体进行,不过正如上文所述,并不是所有的农田水利工程都具有经营可能,仅仅是能够经营的农田水利工程才可能引入市场主体投资建设,但是建成以后并不影响所有权的配置,仅仅是让相关的投入主体获得经营权,并且还应当特别注意协调这种经营权与水利灌溉工程之间可能产生的冲突。

(二)分层治理模式下的农田水利产权配置

分层治理模式下,灌区末级渠系的治理主体是农村集体经济组织,受益主体是灌区末级渠系控制灌溉面积内的用水户,这些用水户同时也是集体经济组织的成员。下面也将分别阐述分层治理模式下农田水利所有权、使用权和经营权应有的配置状态。

在分层治理模式下,灌区末级渠系范围内的农田水利工程的所有权应当归属相应的受益主体,即全体用水户,在这里也可以称之为农民集体,这是因为这里的用水户同时也是集体经济组织的成员。不过与总体治理模式下由农村集体经济组织开展灌溉管理的情形不同,在分层治理模式下,虽然总体上可以将农田水利工程的所有权配置也表述为归属农民集体,但是后者所指的农民集体既包括村一级的农民集体,亦包括小组一级的农民集体。在分层治理模式下,灌区末级渠系范围内的农田水利工程的公共性是有层次区分的,因此以受益主体的范围来确定所有权主体也是有区分的。具体来说,在基本灌溉单元以内且受益主体限于本灌溉单元的农田水利工程,其所有权归属村民小组一级的农村集体;基本灌溉单元以外的农田水利工程主要即是支渠、斗渠,这部分农田水利工程的所有权应当归属村一级农民集体。

在分层治理模式下,灌区末级渠系范围内的农田水利工程使用权应当归属农村集体经济组织,并且这里的农村集体经济组织指的是村一级集体经济组织。在分层治理模式下,灌区末级渠系的治理主体是农村集体经济组织,不论是归属哪一级农民集体所有的农田水利工程,都应当交由村一级农村集体经济组织进行统筹利用,这也就是说农田水利工程的使用权应当归属村一级农村集体经济组织。

在分层治理模式下,灌区末级渠系范围内的农田水利工程的经营权的设置与总体治理模式下的情形类似,也就是说,针对农田水利工程的相关灌排功能本身很难设置经营权,而针对农田水利工程的其他经营可能,是可以设置经营权的。农田水利工程的其他经营可能,在分层治理模式下,依然应当鼓励经营权的市场化,但是同时也应当注意这些经营权与灌排功能之间可能存在的冲突,鼓励灌溉管理主体与经营主体之间做好事前的协商,并且要制定相应的救济制度。

在分层治理模式下,应当由农村集体经济组织作为相关农田水利工程的建设主体,或者纯粹由财政资金投入建设,但是以农村集体经济组织作为公共品需求偏好的表达渠道。在分层治理模式下,也可以鼓励市场主体投入农田水利建设,但是市场主体只能获得相关的经营权,并且由于灌区末级渠系范围内的农田水利工程的灌排功能难以设置经营权,这里的经营权是农田水利工程在灌排功能外其他功能领域的经营权。

(三) 复合治理模式下的农田水利产权配置

在复合治理模式下,灌区末级渠系的治理主体是农村集体经济组织和灌溉用水户协会,这两个主体在灌溉管理中的结合构成了完整的灌区末级渠系治理的内容。下面也将分别阐述复合治理模式下灌区末级渠系范围内农田水利工程所有权、使用权和经营权应有的配置状况。

将工程的所有权配置给受益主体,这应当是灌区末级渠系范围内农田水利工程产权配置的基本原则之一。在这一基本原则之下,复合治理模式下的农田水利工程所有权配置情况如下。

(1) 基本灌溉单元以内且受益主体限于本灌溉单元的农田水利工程,其所有权归属村民小组一级农民集体。

(2) 基本灌溉单元以外的灌区面积渠系范围内的农田水利工程,主要指的是斗渠,在少数情况下指的是支渠,根据上述基本原则,这部分渠道的所有权也应该归属于其受益的全体用水户。不过,考虑到这部分用水户并没有形成公共的组织机构,其作为共同体或者说集体的界限非常模糊,所以这部分水利工程总体上还是应当归国家所有。

(3)国家也可以将其享有的斗渠(包含部分支渠)的所有权转移给这些渠段的管理主体,即转移给灌溉用水户协会。

在复合治理模式下,灌区末级渠系范围内的农田水利工程的使用权应当主要归属两类主体:在上述基本灌溉单元以内,所有权归属村民小组一级农民集体的农田水利工程,其使用权应当归属村民小组一级农村集体经济组织;上述斗渠(包含部分支渠),不论所有权归属国家还是转移给了灌溉用水户协会,其使用权都应当归属灌溉用水户协会。

在复合治理模式下,灌区末级渠系范围内的农田水利工程的经营权的配置应当如下。

(1)在基本灌溉单元范围内,所有权归属村民小组一级农民集体的农田水工程,其灌排功能本身是难以设置经营权的,但是其其他的功能可以设置经营权,如此则应当就这些功能准许设置经营权。当然,这种经营权的设置也应当考虑到其与水利工程灌排功能之间可能存在的冲突关系。

(2)斗渠(包含部分支渠),虽然其计量化的水平正在不断提升,但是总体来说其配水还是难以设置排他性的,所以这部分渠段实际上很难设置经营权。

在复合治理模式下,也可以通过相应的灌溉管理主体来引导社会主体和市场主体投入农田水利建设,具体来说:村民小组一级的农村集体经济组织本身可以作为基本灌溉单元内水利工程的建设主体,虽然这部分农田水利工程建设的大部分投入还得依靠国家和各级财政,但是通过农村集体经济组织也可能筹措到一部分建设资金。与总体治理模式和分层治理模式下市场主体投入农田水利建设的情况相似,在复合治理模式下,由于斗渠(包含部分支渠)的非排他性,市场主体只可能参与到基本灌溉单元内部部分水利工程的建设,并且它也只能在工程灌排功能以外的其他功能方面获得经营权。斗渠(包含部分支渠)的建设,除了国家投入以外,还可以通过灌溉用水户协会筹措一部分社会资金投入建设。

第六章 论农村双层经营体制的完善

本书对农田水利治理的探讨，不仅明确了农村集体经济组织在灌溉管理中的重要意义，可以说它还进一步提出了在我国农业转型的当下，我们需要重新审视农村双层经营体制的意义，并有必要对这一体制进行完善。

本书关于农田水利"最后一公里"问题的讨论,表明农村集体经济组织是将农民组织起来解决灌区末级渠系治理问题的有效的组织形式,由农村集体经济组织开展的灌溉管理的情况也进一步决定了整个灌区运转的状况。然而,主张由农村集体经济组织开展灌溉管理并不能算作是一种新颖的观点,因为在农村改革初期,我国双层经营的农村经营体制早已经包含了由农村集体经济组织开展与农业生产相关的公共事物治理的内容。换句话说,农村双层经营体制中"统"的层面,在农业经济问题中的表述是由农村集体经济组织来解决农业生产中"一家一户办不好,不好办的事",而在公共事物治理问题中的表述则是主张农村集体经济组织作为公共事物的治理主体。并且正如本书在农田水利治理的制度建设中阐述的,相关的制度可以回归到自身所属的制度体系中去建设、完善,农田水利当然有自身独立的治理制度体系,另一方面它也有与其他制度相交叉的领域,关于灌区末级渠系的治理即是属于交叉领域的制度建设问题,而基于本书的探讨,不仅明确了农村集体经济组织在灌溉管理中的重要意义,可以说它还进一步提出了在我国农业转型的当下,我们需要重新审视农村双层经营体制的意义,并有必要对这一体制进行完善。

第一节　农村双层经营体制的意义

我国的农村双层经营体制在制度发展过程中是"形神分离"的,虽然1999 年修宪时已经将之写入了《中华人民共和国宪法》,但是实际上却并不重视"双层"的平衡发展,集体土地所有权逐渐势弱,农村经营体制发展趋于单一层次。而本书的研究却表明了农村双层经营体制的重大意义,具体来说,我国农村的双层经营体制不仅在农业由集体化生产向分户生产模式转型的过程中发挥了重要作用,它亦可以在我国农业由传统农业向中国特色农业现代化转型的当下发挥重要作用。

我国农业在迈向现代化的过程中,耕种小规模土地的农户家庭依然是最主要的经营主体。虽然我国的农业发展政策也鼓励形成适度规模经营主体,但是在我国人地矛盾突出的基本背景下,农户家庭依然是最主要的农业经营主体类型。农户家庭耕种小规模土地是我国农业现代化的基础。马克思主义经典作家主张通过合作化的道路实现农业的社会化大生产[①],而农业经济的相关理论早已论证了小规模家庭经营农业实现现代化的可能,不仅如此,日本等国家和我国台湾地区也都在小规模家庭经营农业的基础上实现了农业现代化。小规模家庭经营农业要实现社会化大生产,进而实现农业现代化,必须要解决两个基础性的问题:一是农业社会化服务体系建设的问题,二是农民的组织问题。通过完善农业基础设施建设,为农户提供充分、高效的社会化服务,帮助农户解决在农业生产的产前、产中及产后环节的若干问题,这是小规模家庭经营农业走向现代化的基本路径。

农业发展中的一些公共品建设与管理事物,以及一部分生产性公共服务,非个体农业能够完成,也非市场之力所能及,本书所讨论的灌溉问题即属典型,这类事物的管理问题只能通过农民组织化的方式来解决。农村双层经营体制为此类问题提供了良好的解决方案,即可以依托农村集体经济组织开展此类公共事物的治理。也可以说,双层经营的体制设计既实现了农业生产责任制的科学性,亦为以生产性为主的公共事物的治理提供了明确的组织依托。农村集体经济组织开展农业生产性公共事物治理具有三个方面的优越性:首先,这种治理模式具有极强的灵活性,农村集体经济组织可以根据集体经济的情况确立对其公共事物治理的投入力度,也可以及时地依据实际情况调整对各类公共事物治理的投入;其次,农村集体经济组织的社区性使得这种治理模式可以吸纳社会资本作为治理资源;最后,由于农村集体经济组织与村民自治组织在实际状态下的重合性,又由于我国已经推广开来的村民自治的传统与经验,这种治理模式易于汲取这些民主自治的成果开展公共事物治理。

---

① 金丽馥,石宏伟,李丽.马克思主义经典作家关于农业发展的若干理论[J].江西社会科学,2002(12):109-112.

需要说明的是,在农村税费改革前后,依托农村集体经济组织开展公共事物治理的模式,其治理方式存在一定的差异性。农村税费改革以前,需要通过向农民汲取资源的方式开展公共事物的治理,而这种方式如果监督机制不健全,则容易造成农民负担加重等问题。农村税费改革以后,主要通过"城乡统筹""以工哺农"等财政扶持方式开展公共事物治理,这意味着这种治理模式不再可能成为加重农民负担的原因,而当前面临的任务,是依托农村集体经济组织,使各类财政支农资金获得更为有效的利用。

第二节　完善农村双层经营体制的基本路径

一、"统"与"分"双层协调发展的制度完善要求

正如上文所述,农村双层经营体制在发展的过程中并未走向完善。具体来说,应当从两个方面来理解农村双层经营体制的不完善。一方面,是农村双层经营体制在理论基本明晰以后,未建立起系统化的法律制度体系。1991 年,党的十一届八中全会的决议已经对农村双层经营体制的内涵进行了较为完整的表述,即把家庭承包这种经营方式引入集体经济,形成统一经营与分散经营相结合的双层经营体制,使农户有了生产经营自主权,又坚持了土地等基本生产资料公有制和必要的统一经营。这种双层经营体制,在统分结合的具体形式和内容上有很大的灵活性,可以容纳不同水平的生产力,具有广泛的适应性和旺盛的生命力。也就是说在政策制度上,农村双层经营体制的内涵已经基本明晰,但是这些政策表述并未完整地转化成为法律制度,这降低了该理论的完整性。虽然在 1999 年农村双层经营体制就被写入宪法,但是只有非常原则性的表述,"农村集体经济组织实行家庭承包经营为基础、统分结合的双层经营体制"。农业的、土地的相关法律制度都欠缺对农村双层经营体制的制度规范。另一方面,农村双层经营体制理论在实践过程中,在不短的时期内呈现出了

衰落的趋势，这当然与农村双层经营体制制度的不完善，政策上不再成为改革重点是相互关联的。农村双层经营体制在这一段时期的发展表现出的基本特征是"统"与"分"的失衡，也就是说在"分"的层面，即家庭承包经营的层面获得了较好的发展，2002年颁行的《中华人民共和国农村土地承包法》，2007年的《中华人民共和国物权法》将土地承包经营权确立为物权属性。在"统"的层面，即集体统一经营的层面基本上已经很少有实质性的内容。

由此，农村双层经营体制理论完善的首要要求就是实现"统"与"分"两个层面的协调发展。从农村双层经营体制的基本内涵出发，"分"指的是农户家庭承包经营的层面，表明农户家庭是我国农业经营最基本的主体形式；"统"指的是由农户集体经济组织依托集体经济这一公有制经济形式，为分户经营的农户提供生产性公共服务。"统"与"分"两个层面要实现协调发展的基本要求是，不仅要进一步完善家庭承包经营制，还需要重视集体经济组织的发展，发挥集体经济组织在农业生产性公共事物治理中的优势地位。正如上文对农村双层经营体制内涵、特征的分析中阐述的，农村双层经营体制具有弹性和灵活性特征。这也就是说，我们在加强农村双层经营体制"统"的层面的建设时，需要明确集体经济组织能够发挥的作用并不是固定化了的内容，农村集体经济组织可以根据从事农业生产的农户的需求来开展"统一经营"，农村集体经济组织还需要依据集体经济的实际状况来开展农业生产性公共事物治理，换句话说，"统"的层面的加强应当避免农民负担的加重。

不仅如此，农村双层经营体制理论的完善不能抛开农业发展的制度体系这一基础背景，也就是说，农村双层经营体制的完善需要在整体的农业发展的制度体系中进行完善。这进而对农村双层经营体制的发展提出了新的要求，这也就是说，农业经营主体、农村双层经营体制、农业的社会化服务体系以及农民的组织化等问题应当是协调的，是能够相互配合着来实现农业生产力的推进的。更为具体地说，就是要求农村双层经营体制的完善能够与农业的社会化服务体系的建设结合起来。农业的社会化服务体系建设,简单来说就是将农业生产的产前、产中、产后的若干环节交给社会主体(市场主体)来进行,比如农机服务交给市场化的农机服务主体来进行。实际上早在农村双层经营体制提出之初,应当说大量的农业生产的服务环节都是预备由农村集体经济组织来完成的,不过当前已经有大量的农业服务领域确实已经成功地市场化了。所以,所谓协调农村双层经营体制与农业的社会化服务体系建设,就是要正视我国农业的社会化服务体系建设取得的成就,或者说,农村双层经营体制的完善并不排斥农业的社会化服务体系的进一步完善,二者应当形成相关配合的关系,对于难以用市场化的方式供给的服务,可以考虑由农村集体经济组织来实施,对于已经由农村集体经济组织开展的服务,也并不排斥其由市场主体取代的可能。

二、"统"与"分"协调发展的制度完善路径

从农村双层经营体制的基本内涵来看,完善农村双层经营体制的制度建设应当包含两个方面的基础内容:首先是针对各经营主体进行的法律制度的完善,它既包含了承包经营集体土地的农户家庭,也包含了负责若干"统一"生产事务的农村集体经济组织;其次是针对生产资料的财产制度规范,主要是对农村集体土地所有制的完善。

不过正如上文所述,农村双层经营体制在实践过程中已经出现了两个层次的不平衡发展,农户家庭承包经营的相关法律制度规范很多,而集体统一经营的相关制度规范太少。所以,本书认为农村双层经营体制理论完善,应当特别偏重于对"统"的层次进行制度规范建设,这也就是说应当要加强农村集体经济组织的相关法律制度建设。当然,其他的方面亦不可偏废。

总的来说,农村双层经营体制的制度完善,从协调"统"与"分"两个层次的发展来说,其基本路径应当如下:一是要针对农村集体经济组织开展

相应的法律制度建设；二是要完善农村土地制度，本书将对于"分"的层次的农户承包经营的制度完善放置在这一章一并讨论。

第三节 巩固农村集体经济组织的制度建设

一、农村集体经济组织的法律属性

需要从三个层面来理解农村集体经济组织的法律属性。

首先，农村集体经济组织是农村集体土地所有权行使的代表人。依据《中华人民共和国土地管理法》的相关规定："农村和城市郊区的土地，除由法律规定属于国家所有的以外，属于农民集体所有；宅基地和自留地、自留山，属于农民集体所有。""农民集体所有的土地依法属于村农民集体所有的，由村集体经济组织或者村民委员会经营、管理；已经分别属于村内两个以上农村集体经济组织的农民集体所有的，由村内各该农村集体经济组织或者村民小组经营、管理；已经属于乡（镇）农民集体所有的，由乡（镇）农村集体经济组织经营、管理。"这也就是说，农村土地由农民集体享有所有权，农村集体经济组织是农民集体具体的组织形式，所以也可以说，农村集体经济组织是农村集体土地所有权的代表人。根据集体土地所有权的基本状况的不同，农村集体经济组织指代的可能是村一级农村集体经济组织，也可能是村民小组一级农村集体经济组织，还可能是乡（镇）一级农村集体经济组织。由于在实践中，农村集体经济组织的组织机构与村委会的组织机构经常是两块牌子，一套班子，农村集体经济组织的概念与村民委员会的概念经常被混同使用，但是准确地说，在法律概念上，这两者分属不同的部门，前者是农业与相关经济法律中的概念，后者是社会与相关组织法律中的概念。

其次，农村集体经济组织是双层经营体制下农村经济中的一个经营主体。在以集体土地所有权为基础、统分结合的农村双层经营体制下，农村集体经济组织是一个很重要的经济主体,因为这一组织具有的一个重要的功能就是提供农业的生产性公共服务。农村集体经济组织提供公共服务的资金来源主要由两部分构成:一部分是集体的经营性收入,另一部分是基于土地所有权而产生的"地租性"费用收入。从这个意义上讲,农村集体经济组织是一个公共性的经济主体。

最后,农村集体经济组织是农业经济中的一种主体形式,它是一个地区性的合作经济组织,可以从三个方面来理解农村集体经济组织作为地区性合作经济组织的内涵。一方面,它是一种合作经济组织形态,它是农业经营主体在农业生产的相关环节开展合作经营的一种组织形式。另一方面,地区性是这种合作经济组织最突出的特征,也就是说,它是一定区域范围内的农业经营主体的合作形态,这个区域范围就是农村集体的范围。最后一方面,它是以集体土地所有权为基础形成的合作经济组织,换句话说,它并不是普通的民商事上的合伙形式,亦非相关的经营主体以出资的方式共同筹备,它的特殊性在于它是在已经存在集体土地所有权的基础上成立的,是基于完整的集体土地所有权而成立的合作组织,所以农村集体经济组织作为地区性合作经济组织,与一般意义上讨论的土地股份合作社存在根本区别。

二、地区性合作经济组织法律制度建设

农村集体经济组织作为地区性合作经济组织,其法律制度建设应当包含以下几个方面的基本内容。

首先,要明确农村集体经济组织的法定含义。本书主张将农村集体经济组织定义为:农村集体经济组织是以农村集体土地所有权为基础成立的地区性合作经济组织。农村集体经济组织的主要目标是为其成员从事农业生产经营提供便利,其主要任务是为农业生产的产前、产中、产后环节提供公共服务,这些公共服务应当因地制宜地实施。

其次,关于农村集体经济组织不需要再确立其组建程序,这一点是与

一般的合作经济组织存在差异的地方。一般的农业合作经济组织在确立了法定内涵以后,需要明确其组建条件及程序,以指导组织的形成。但是,农村集体经济组织在我国已经是一种广泛确立的农业与农村发展的组织形式,关于它的组建本身并不成为问题,现阶段只是需要进一步对农村集体经济组织的内涵进行充实和完善。

再次,农村集体经济组织主要是依托集体经济为其成员提供公共服务的。农村集体经济组织的经济来源主要有两个方面:一是农村土地的经营性收益,二是集体经济组织的其他经营性收益。在我国现行的农地法律制度框架下,农村集体经济组织是可以获取一部分农地经营性收益的,其表现形式是农村集体经济组织以集体土地所有权为依据,向承包经营土地的农户家庭收取一定的费用。虽然在当前的"三农"政策下,为了防止增加农民负担,国家已经免除了农业税费,但是,从基础法理的角度来说,以集体土地所有权为依据,农村集体经济组织是可以向农户收取相关费用的。农村集体经济组织的其他经营性收益指的是除了土地以外,集体经济组织开展其他的生产、经营活动产生的收益。农村集体经济组织可以依据自身的经济实力为农户提供相应的公共服务。

最后,农村集体经济组织实施民主自治的组织方式。农村集体经济组织为其成员提供相关的公共服务,具体的服务事项、内容是难以在法律上进行严格限定的,这部分的内容应当属于该合作经济组织自治的范畴。法律除了进行原则性的规定以确保成员的基本权益以外,农村集体经济组织对公共事物的治理应当在民主、自治、协商的方式下具体实施。换句话说,农村集体经济组织开展生产性公共事物治理的基础依据是集体经济组织的自治规则。

第四节　坚持农村集体土地公有制的改革底线

正如上文所述,农村双层经营体制的基础是农村集体土地所有制,农村集体经济组织是依托集体土地所有权形成的地区性合作经济组织,所以农村双层经营体制的完善也需要以农村集体土地法律制度的完善为基础。下面将从集体土地所有权、土地承包经营权和农地的"三权分置"问题方面展开本节的讨论。

一、集体土地所有权的制度完善

农村集体土地所有权制度,这样一种公有制的土地制度可以说是我国社会主义改造的理论成果之一。虽然农村改革以后,集体土地所有权制度不再表现为集体直接从事农业生产经营的形态,农业生产经营的主体主要表现为农户家庭的形式,但是农村集体经济组织依然在农业生产中发挥着重要作用,本书的讨论,特别是其中基于农田水利治理问题的经验性质的阐述,是对农村集体经济组织这种组织形态的现实意义的重要说明,也是对农村集体土地所有权现实意义的重要说明。当前农田水利的治理困境还只是小规模经营农业中生产性公共事物治理困境的一个缩影,这也说明了农村集体经济组织开展生产性公共事物治理的空间还很大,单从这一点出发,农户集体土地所有权制度的存续与发展就具有重大的现实意义。

然而,当前农村土地制度改革却带来了农村集体土地所有权制度发展的隐忧,农地家庭承包经营权被不断强化,农地集体所有权被不断弱化,农地制度的发展似有走向"私有化"或者"准私有化"的倾向。这种发展倾向或者趋势当然是应当引起警示的,因为这种发展趋势带来的后果很可能就是,虽然集体土地所有制的提法尚存,但是农地制度实然已经成为了"私有化"("私权化")[①]的权力形态。如此,我国的农村集体土地所有制,这样一个重大的中国特色社会主义理论成果即会走向终结。

---

① 杨峥嵘,杨省庭.法律经济学视角下的我国农村集体土地权流转问题[J].中国农村经济,2007(S1):117-125.

由此，当前需要采取一些措施来改变当前农村集体土地所有权被不断弱化的局面。具体来说，农村集体经济组织供给公共服务的能力显然受制于其经济能力，上文已经表明了集体经营性收入与土地的"地租性"费用收入构成了集体经济组织的经济来源，目前全国绝大多数农村集体经济组织都缺乏经营性收入，由于农村本身就是各种资源要素不断外流的区域，整体上提升农村集体经济组织的经营能力与经营收入本身难以实现，但是农村集体经济组织却可以依托集体土地所有权产生基础性的集体经济收入。不过当前农村集体土地所有权在土地法律制度上是被不断弱化的，与之相对的是农户享有的承包经营权被不断强化，这导致了基于土地所有权来生产"地租性"的集体经济收入也变得难以实施。但是，需要明确的是，土地承包经营权走向物权化，集体土地所有权被不断弱化，甚至可能出现的土地私有化的局面并不是土地制度发展的必然趋势，本书的讨论认为我国社会主义公有制下特有的集体土地所有权具有相当的制度优势，特别是在农业的生产性公共服务供给方面，从这个意义上讲，我们应当要防止集体土地所有权被过度弱化。

二、土地承包经营权的制度完善

当前关于土地承包经营权已经形成了一些法律制度规范，比如 2002 年颁行的《中华人民共和国农村土地承包法》以及 2007 年颁行的《中华人民共和国物权法》。那么，关于农村土地承包经营权的制度完善，本书的基本态度和主张如下。

首先，农村土地承包经营权制度是我国农地法律制度体系中值得和需要去完善的内容部分。农户家庭承包经营土地的模式是在实践探索中产生的，而农业经济学的相关研究也已经证明了家庭经营与农业产业的适应性[1]，表明了农户家庭是一个恰当的农业生产单位。虽然当前我国的农业发展政策鼓励形成多元的农业生产经营主体，但不可否认的是，农

---

① 陈锡文.陈锡文改革论集[M].北京:中国发展出版社,2008:77-78.

户家庭依然是我国最主要的农业经营主体形态,并且它还将继续是最主要的农业经营主体类型。农户在土地承包经营权的基础上开展农业生产经营,土地承包经营权制度既是一种生产资料的配置方式,土地承包经营权与集体土地所有权之间的关系又属于生产关系的范畴,总体来说,农村土地承包经营权制度的完善就是要满足农业生产发展的需求,其目标是促进农业生产力的提升。

其次,关于农地承包经营权的长期稳定应当是一个值得进一步研究和探讨的问题。在农业经济的相关理论问题研究中认为,只有稳定土地承包经营权,农户对自己耕种的土地有着长期的预期,才会增加土地投入,对土地进行更加合理、科学的利用。不过在实践中,土地承包经营权的长期稳定即意味着长期以来存在的土地调整的习惯制度不再实施,特别是土地二轮延包以后,很多地方的农地都不再进行调整。然而,土地承包经营权长期稳定,农地不再进行土地调整也带来了很多农业发展的实际困难。比如,人口增长与农户家庭承包经营土地数量规模的不均衡问题;再比如,已经脱离农村转为城市人口的部分人群,在当前的政策下并不需要退回其承包经营的土地,这不仅可能会给周边农户造成生产不便,也常常带来土地流转的不便利。总的来说,当前土地承包长期稳定不变的政策在实施了多年以后,已经逐渐开始暴露出越来越多的问题。所以本书认为关于土地承包经营权承包期的问题是需要进行进一步讨论的,总体的原则是要实现"耕者有其田",同时也要实现便利农业生产的目标。

最后,关于农村土地承包经营权的完善当前需要回应的一个重要问题是土地流转的有效性问题。在我国社会转型的当下,无论是从农村劳动力向城市流动来说,还是从人口的城市化来说,对于农村土地经营,都需要重点关注土地流转问题。土地流转指的就是土地承包经营权人通过转包、出租、互换、转让等方式,将自主承包经营的土地交由他人进行生产经营。当前,在土地流转中容易遭遇以下几个突出的问题:一是有效的土地流转难以达成，比如流入主体对土地连片的需求难以达成；二是有些土地流转实际上会侵害农民利益，比如农户不自愿的土地流转；三是土地流转以后易发生转为他用的情形，比如土地流转以后不再从事大田作物的生产[①]。所以关于农村土地承包经营权的完善，还可以从完善土地流转的角度进行推进。

三、关于农地"三权分置"问题的思考

2015 年 11 月中共中央办公厅、国务院办公厅印发《深化农村改革综合性实施方案》提出了"坚持和完善农村基本经营制度"的要求，具体来说就是要"把握好土地集体所有制和家庭承包经营的关系，现有农村土地承包关系保持稳定并长久不变，落实集体所有权，稳定农户承包权，放活土地经营权，实行'三权分置'。坚持家庭经营在农业中的基础性地位，创新农业经营组织方式，推进家庭经营、集体经营、合作经营、企业经营等共同发展。"自此，在关于完善农地制度的讨论中，农地"三权分置"问题成为热点。

关于农地"三权分置"问题，理论研究中的一种主流观点认为"三权分置"的一个显著的优越性在于，被分离出来的经营权是可以用于向金融机构贷款的，换句话说，通过"三权分置"能够达到激活农村金融的效果，如此则解决了农业经营中一个长期性的困境。当然，经营权向金融机构贷款的前提是其物权属性的确立，或者另外的表述是说经营权是一种次生性用益物权[②]。

然而，笔者在关于农地"三权分置"的问题上却有着与主流观点完全不同的想法。

---

① 夏柱智. 虚拟确权：农地流转制度创新[J]. 南京农业大学学报(社会科学版), 2014(6): 89-96.

② 刘颖, 唐麦. 中国农村土地产权"三权分置"法律问题研究[J]. 世界农业, 2015(7): 172-176.

　　首先，从《深化农村改革综合性实施方案》的要求来看，"落实集体所有权，稳定农户承包权，放活土地经营权，实行'三权分置'"的表述实际上表明了在当前的农业、社会发展阶段，我们需要竭力推进农村土地流转，不仅要承认农地的承包主体与经营主体的分离，还应当进一步推进这种农业生产形态的发展。准确地说，这一表述方式与农地产权的"三权分置"具有完全不同的内涵，《深化农村改革综合性实施方案》的表述方式实际上并未强调农地产权形态的变化。

　　其次，所谓经营权的次生性用益物权属性的提法，准确地说就是要在土地承包经营权这一用益物权的基础上成立另外的用益物权。然而，从物权法的基础法理出发，土地承包经营权是在集体所有的土地上确立的用益物权，它的处分权能是受到一定限制的。而所谓在土地承包经营权上设置次生性用益物权属性的经营权，实际上已经涉及了对物的"处分"的问题，可以说承包经营权本身对物进行这样的"处分"的能力是欠缺的。如果非要表达承包经营权的这一能力，那么实际的效果就是农村集体土地所有权的进一步虚化，土地承包经营权进一步走向"私有化"。所以，将经营权确立为用益物权这种提法，笔者并不赞同。

　　最后，在现行的农地法律制度框架下，通过土地流转方式获得的经营权实际上本身就是可以进行抵押的。具体来说，在现行的农地法律制度框架下，农地经营权的抵押是以权利质权的形式存在的，准确地说它应当叫作权利质押，而不是物的抵押。然而，虽然农地的经营权本身具备了质押的可能，但是通过经营权权利质押向金融机构贷款的事务却并不繁荣，这是农村金融的一种实际状态。需要说明的是，这种不发达的金融并不是由经营权抵押权能不足造成的，准确地说，这就是一种市场选择的结果，金融机构已经对这种质押（抵押）作出了一定的风险评判，所以金融机构本身并不愿意依此发放贷款。金融机构的这种评判与行为选择，与农地经营权的权利属性并没有直接关联。

　　总体来说，本书认为农地"三权分置"的政策表达是鼓励农村土地流转的一种政策倡导，如果要据此推进农地产权的"三权分置"，则是对政策的错误理解和应用。本书认为，应当在现行的农地法律制度框架下积极推进农地土地流转，同时将可能的抵押或者质押交给市场来进行选择，权力主体不应当给予过多的干预。

第七章　结语

　　本书在灌区系统性的视角下梳理了灌区末级渠系的性质特征，表明灌区末级渠系不仅具有农田水利的一般特征，还具有层次化的公共性、末端公共性等特征。

第一节　全书总结

本书是关于农田水利发展问题的讨论,属于农田水利政策问题研究的范畴,它关注的是当前农田水利最基础性的问题,即农田水利的"最后一公里"问题。本书采纳了政策问题研究的一般结构构成,即在主体部分由提出问题、解析问题及提出解决方案三个部分组成。本节将从政策变革的逻辑、灌区末级渠系发展的问题以及灌区末级渠系的治理之道三个方面对全书进行总结。

(一)政策变革的逻辑

关于灌区末级渠系治理的政策变革大致始于 20 世纪 90 年代中期,以世界银行在我国推行经济自立灌排区的灌溉管理模式为具体标志。进入 21 世纪后,改革的重点转移到相关水利工程的产权制度上。所以总体来说,我国灌区末级渠系正在朝着市场化、社会化的治理方向变革。

政府认为灌区末级渠系需要朝着市场化、社会化的治理方向变革,主要是基于四个理由。首先,我国灌区末级渠系发展面临的根本问题是建设投入缺口问题。灌区末级渠系的治理涉及的相关水利工程点多、面广且量大,仅仅依托国家投入难以完成全面的建设任务。灌区末级渠系的水利工程未建成,灌溉当然不可能实施。其次,有必要调动社会和市场的力量投入灌区末级渠系建设。相应的社会主体是灌区末级渠系的受益主体,因而他们对于工程建设是有积极性的。所涉及的一些水利工程具有明显的经营可能性,让市场主体参与这些工程建设是完全可能的。因而,适当的制度必然可以调动这两部分力量投入到灌区末级渠系建设中。再次,小型农田水利工程产权制度是适宜的制度选择。"谁投入,谁所有,谁受益,谁负担"的基本产权制度安排已经可以创设投入、产权取得与受益之间的完整关联。最后,在产权制度的基础上实现对灌区末级渠系相关水利工程分而治之的局面。也就是说,各水利工程依据自身的情况确立产权主体和管理主体,由于工程之间的自然关联,进而形成灌区末级渠系整体性的治理局面。

灌区末级渠系朝着市场化、社会化的治理方向发展也被认为是我国行政体制改革的一个重要组成部分，即在灌区末级渠系的治理领域要求行政权力逐步退出，市场主体和社会主体逐步进入，这一改革实施的标志是相应的灌溉管理权力的转移。

（二）灌区末级渠系发展的问题

然而，笔者通过对沙洋县农田水利发展状态的实地考察发现，政府对灌区末级渠系治理问题的判断存在严重偏差。沙洋县作为农业和农田水利发展的典型县，它的灌区末级渠系治理呈现出三类典型现象：①工程的改进并没有带来相应的灌溉效益的提高；②农户对农田水利建设的投入并没有带来灌溉系统的完善，农户更倾向于进行微型水利工程建设，这对于公共灌溉系统工程的改进并无助益，反而使公共灌溉管理体系因此遭到破坏；③新的灌区末级渠系治理组织（主体）并没有像政策变革预设的那样形成并运转，与此同时，原先的治理结构也很难发挥作用了。

从经验逻辑出发，我们可以从三个方面追溯上述现象形成的原因。首先，农村税费改革对"共同生产费"制度的取消引发了基本灌溉单元的治理困境。"共同生产费"制度是村组组织开展基本灌溉单元治理的核心制度，它相当于公共事物治理的征税权。"共同生产费"制度的取消意味着村组组织逐步退出对基本灌溉单元的治理，新的治理组织（主体）没有及时有效成形，基本灌溉单元的治理立即陷入困境。其次，基本灌溉单元的治理陷入困境以后，农户只能通过个体化的水利建设来满足灌溉需求，而这又进一步破坏了基本灌溉单元的治理。村组组织退出基本灌溉单元的治理以后，农户难以组织起来共同向规模水利取水灌溉，困难不在于水利工程不能满足利用需求，而是难以形成有效的公共灌溉成本的分担模式，根本原因在于无法有效治理内部的搭便车行为。因此，农户只能通过打井、挖堰等个体化的水利建设来满足灌溉需求，农户对公共灌溉的需求减弱并分化，基本灌溉单元的公共治理因而更加难以实现。最后，水利工程管理体制改革以后,灌区骨干工程的运转主要依托于经营性的灌溉水费收益,因而农户自主灌溉的能力增强以后也带来了骨干工程的发展困境。

基于以上分析,本书对我国灌区末级渠系的发展问题的判断分两个方面进行:其一,灌区末级渠系治理主体不明,所以农户在需要向规模水利取水的时候并没有明确的组织依托,农户间通过合作的方式也难以形成规模达标,且具备一定稳定性的用水合作组织,他们进而只能选择自主建设微小型水利工程来解决灌溉问题;其二,零星出现的一些灌区末级渠系治理组织普遍存在着治理能力不足的问题,这是实践中灌区末级渠系的治理组织很难持久运行的根本原因。

(三)灌区末级渠系的治理之道

关于我国灌区末级渠系发展问题的判断表明,灌区末级渠系治理困境解决的基本思路应当是明晰灌区末级渠系的治理主体,并在此基础上加强其治理能力建设。

我国灌区末级渠系之所以出现上述发展困境,归根结底还是对灌区末级渠系性质认识的不足。对灌区末级渠系性质认识的不足就必然导致理论应用的偏差,进而通过理论应用形成的改革不仅没能解决原有的问题,还带来了新的问题。当前的政策研究表明,对灌区末级渠系性质认识不足的主要表现是,虽然准确地把握了单个农田水利工程的性质特征,但是却未建立起工程之间的关联性。本书在灌区系统性的视角下梳理了灌区末级渠系的性质特征,表明灌区末级渠系不仅具有农田水利的一般特征,还具有层次化的公共性、末端公共性等特征。

灌区末级渠系的性质、特征,表明我国灌区末级渠系可以形成总体、分层和复合三种治理模式,各灌区可以依据自身的实际情况选择适用的模式。在治理模式明确的基础上,最重要的工作就是要明确灌区末级渠系的治理主体,明确灌区末级渠系治理主体的基本步骤是:首先要明确基本灌溉单元的治理主体,在此基础上扩展开来,继而明确灌区末级渠系的治理主体。依据我国农业经营的现状，即以小规模家庭经营农业为主，但是也存在其他农业经营主体形式，在我的灌溉系统末端，也就是基本灌溉单元不可能只存在唯一的治理主体形式，对于基本灌溉单元治理主体的明确应当是明确其主导的形式，这一主体形式主要在小规模家庭经营农业的灌区适用，而依据农业经营的具体情况也可以带来其他形式的灌区末级渠系治理主体。

对于基本灌溉单元主导的治理主体形式的探索表明：农村集体经济组织与农民用水户协会开展灌溉管理，在治理原理上并没有优劣之分，而农村集体经济组织从本质上讲也是一种社会化的组织形式。农村集体经济组织经营的土地面积当然也满足水利共同体的基础条件。而从改革成本的角度来说，直接适用农村集体经济组织的形式比完全另起炉灶的农民用水户协会的成本要低得多，因此本书主张以农村集体经济组织作为我国灌区末级渠系中基本灌溉单元治理的主导的主体形式。在此基础上，可以确立我国灌区末级渠系治理主体形式：在总体治理模式下，我国灌区末级渠系的治理主体既可以是农村集体经济组织，也可以是农民用水户协会；在分层治理模式下，我国灌区末级渠系的治理主体是农村集体经济组织；在复合治理模式下，我国灌区末级渠系的治理主体是农村集体经济组织和灌溉用水户协会。

因此，笔者认为灌区末级渠系的治理之道是：各灌区末级渠系根据自身的实际情况选择合适的治理模式，并确定其治理主体。通过灌区末级渠系治理主体的法律制度建设、明晰各主体的灌溉管理权，并规范一些治理主体的组建与运转。进一步通过农业水权和农田水利工程产权的配置，给予各主体基础性的治理资源。在明确了治理主体、明晰了治理机制、获得了基础性治理资源的基础上，灌区末级渠系的治理才成为可能。

本书的研究表明了农村双重经营体制在农田水利治理中的积极意义，农村双重经营体制的完善对农村若干公共事物的治理，以及对我国农业现代化转型均具有重大意义。从这个意义上讲,我国特有的农村双层经营体制亟待在理论上与制度上进行补充与完善。

第二节 若干政策建议

基于本书主体部分的讨论,现就农田水利的发展提出如下政策建议。

(1) 国家要不断加大对灌区末级渠系工程建设的投入。

国家投入依然是农田水利发展的基础。农田水利是农村基础性的公共事业,是一项需要大量资金投入的公共事业,虽然农田水利的受益主体主要是农户,但是当前从事农业生产的农户欠缺农田水利建设的能力,市场主体也只是有限地介入这一领域,农田水利的发展还将主要依靠国家财政资金的投入。

当前我国的农业发展已经进入了"工业反哺农业"和农业现代化建设的阶段。进入 21 世纪以来,国家财政每年都向农业领域投入大量的资金,农田水利建设也是国家财政重点投入的领域。在骨干工程的更新改造已接近完成的情况下,国家财政需要继续对灌区末级渠系的工程建设进行投入。在国家积极投入资金开展农田水利建设的当下,有几个问题值得注意:①如何使财政资金及其配套获得保证,在当前农田水利建设资金项目制实施方案下,资金总量一般由中央财政和地方各级财政配套组成,而在实践中经常出现地方财政资金配套不足的问题,严重影响到农田水利的工程建设质量;②如何达成水利建设资金的有效利用,农田水利建设资金的实施,一方面要避免重复建设,另一方面要在科学的规划布局下实施,再一方面还要满足受益农户的现实需求,所以在不断加大对灌区末级渠系工程建设的资金投入的同时,我国也需要进一步完善水利建设资金使用的相关制度规范。

(2) 灌区管理法律制度的建设与完善。

1981 年我国颁行《灌区管理暂行办法》对我国的灌区管理进行了系

统性的规范，特别提出了由"专管机构"和"群管组织"共同开展灌区管理的模式，然而该法规颁行不久，我国农村与农业经营体制就发生了根本性的变革，以至于1981年的《灌区管理暂行办法》实际上并没有得到严格的实施。此后，虽然在一些省份出现了属于地方性规范的"灌区管理办法"，但是新的全国性的灌区管理办法一直没有出台。

出台新的灌区管理办法是很有必要的。灌区管理办法可以对灌区管理制度进行系统性的规划与说明，它将成为各灌区确立具体管理制度的纲领性文件，对于明确我国的灌区管理体制及形塑合理的灌区管理模式都具有积极意义。本书对于灌区管理办法的立法内容持有以下基本主张：①我国灌区实施由灌区管理单位与参与式治理组织相结合的管理模式；②灌区管理涉及的末级渠系工程仅包含公共配水渠系，农渠及以下的工程管理交由农业经营制度进行规范；③灌区末级渠系根据情况交由农村集体经济组织管理或者组建灌溉用水户协会管理，这两者都是相关工程的公共管理组织而非经营主体；④灌区管理单位与参与式治理组织是灌溉供用水合同的双方法律主体。

(3) 将灌区末级渠系的治理主体确立为相关水利工程建设与管护项目的责任人。

将灌区末级渠系的治理主体确立为相关水利工程建设的责任人就是要直接创设工程建设与管理之间的关联性，也就是说，治理主体在工程建设阶段是责任人，在工程建设完成以后则转为管理权人。当前，灌区末级渠系范围内的小型农田水利工程一般是通过项目制的方式来实施的，所谓由治理主体作为水利工程建设的负责人，意思是说由该主体作为相关项目的负责人，作为项目负责人，他既可能是直接的实施主体，也可能将项目任务委托给其他的主体实施，他们是建设项目的验收主体之一，并且也是工程建设的质量监督主体。

2012年，财政部、水利部联合下发《关于中央财政统筹部分从土地出让收益中计提农田水利建设资金有关问题的通知》，通知要求自2012年

1月1日起,中央财政按照20%的比例,统筹各省、自治区、直辖市、计划单列市从土地出让收益中计提的农田水利建设资金,2013年印发的《中央财政统筹从土地出让收益中计提的农田水利建设资金使用管理办法》,明确了这部分资金的80%用于农田水利建设、20%用于建成的水利工程的日常维护。这部分管护资金一般需要通过管护项目的方式进行分配,所以本书认为灌区末级渠系的治理主体应当被确立为管护项目的责任人。灌区末级渠系的治理主体也是相关水利工程的管理主体,所以当然应当作为管护项目的责任人获取相关的经费支持。

(4)小型农田水利工程产权制度改革的必要调整。

随着小型农田水利工程产权制度改革的推进,有的地方实践中已经开始对一些农田水利工程实施确权颁证。确权颁证的直接作用是使水利工程的相关产权明晰,作为推进小型农田水利产权改革的具体措施,其主旨在于吸引社会资本投入农田水利建设以及明确相关水利工程的管护责任主体。不可否认,水利工程的确权颁证对于其所有权、经营权的明晰具有一定的积极作用,但这一做法对于吸引社会资本投入建设以及明确管护主体的作用并不宜作过高的评价,这是因为当前社会资本投资农田水利的积极性之所以欠缺,主要不是因为产权不明晰,而是这一领域的利润率低,对资本的吸引力较弱。对于农田水利工程管护责任的分配而言,主要亦不在于工程产权不明晰导致管护主体不愿投入管护成本,而在于管护组织的治理能力欠缺,无法向受益主体收取管护成本。所以小型农田水利工程的产权改革,包括具体的确权颁证的举措,都需要进行一定的调整。

本书关于小型农田水利工程产权制度改革调整的基本主张是:①小型农田水利工程的确权应当以服务于灌溉发展为主旨;②小型农田水利工程的产权确立应当与具体的灌溉治理模式相匹配,即把相关工程产权确立给各治理主体;③对于小型农田水利工程产权明晰的要求,可以先通过一般性的制度规范的制定予以明晰,比如在"农田水利条例""灌区管理办法"等制度规范中予以说明,而不一定需要全面地推进小型农田水利工程的确权颁证工作,原因是水利工程的确权颁证是一项实施成本极高的工作,相关的勘测、绘图、确权纠纷的解决等都要耗费大量的财力、物力,而在现阶段我国水利建设资金尚有很大缺口的情况下,小型农田水利的发展显然不宜将重点放在工程产权的确权颁证上。

(5) 合理确立水权转让与农田水利发展之间的关系。

当前我国正处在建立健全水法律制度规范体系的时期,其中促进水资源优化配置的水权交易(转让)制度是一项重要的立法内容。2014 年11 月,水利部起草了《取水权转让暂行办法(征求意见稿)》并面向社会公开征求意见,该意见稿表达了设置有偿但是非营利性的水权转让制度的立法旨意,对水权转让适用范围与转让费用的规定即是直接体现①。这部征求意见稿对于取水权转让制度的设计很大程度上是试图借此为农田水利建设服务,该稿第三条所列举的水权转让情形中的第三、四项即是直接体现。但是正如本书在第五章关于我国农业水权制度建设部分的讨论中所阐明的,水权转让的主旨是实现水资源利用的优化配置,试图通过水权转让带动农田水利建设将有可能给这一准公共品领域的供给带来新的问题。

不论是水权转让的制度建设,还是农田水利发展制度建设,都需要合理确定水权转让与农田水利发展之间的关系,本书在这个问题上的基本观点如下:①水权转让是水资源合理配置主题下的一个具体命题,水权转让制度设计本身并不是为农田水利发展服务的;②水权转让导致相关农田水利发展利益受损时,也需要对这部分损失进行补偿,换句话说,农田

---

① 《取水权转让暂行办法(征求意见稿)》第二条,"依法获得取水权的单位或个人,在取水许可有效期和取水限额内,有偿转让其通过下列措施节约的水资源,适用本办法:(一)调整产品和产业结构;(二)改革生产工艺;(三)改造取用水工程、设施;(四)其他节水措施"。第五条规定,"转让费用由转让方和受让方根据节约水资源成本、合理收益等因素协商确定,一般应包括以下费用:(一)节水工程设施建设和运行维护费用;(二)工艺改造等节水措施费用;(三)为取水权转让而建设的计量、监测设施的建设和运行维护费用;(四)必要的经济利益补偿和生态补偿;(五)其他因取水权转让产生的费用"。

水利应当成为农业水权转让中利益补偿参考要素的组成部分。

（6）水价与水费补贴制度建设。

水价补贴是针对灌溉供水主体设立的补贴制度。当前我国城市水利工程供水属于经营性质，供水主体通过收取水费回收成本并适当赢利。不过，我国农业供水是非营利性的，农用水水价主要参照供水成本确立，只是不同类型的水利工程在供水成本上也会呈现出极大的差异，比如提灌工程的供水成本一般会明显高于自流灌溉工程。这意味着，如果没有适当的水价补贴制度，用水主体自不同的水利工程取水的成本差异是极大的，这必然会导致灌溉治理的困难，比如抗旱时期实施多水源调度灌溉，差异化水价的用水主体很难认同，进而导致供用水合同达成的困难或者水费收取的困难。在一些地方实践中，已经开始实施水利工程农用水供给的水价差额补贴，这一举措缩小了各供水工程的供水价格，对于水利工程的协调发展是有利的。所以本书主张在我国规模水利的农用水供给中，应当逐步建立起水价补贴制度，在一定的行政区域内保证农用水价格的相对均衡。

水费补贴是针对用水主体设立的补贴制度。水费补贴制度应当成为灌溉发展制度的重要组成部分，这是从日本、中国台湾地区的农田水利治理中获得的经验启示，它们通过建立灌溉水费补贴制度：一方面使得实施水利治理的社会组织向用水户提取资源的任务减轻；另一方面水费补贴的输入也成了社会组织的治理资源，为该组织实施民主管理创设了机会。当前我国已经进入了"工业反哺农业"和"补贴农业"的发展时期，农村税费改革以后，中央财政转移给农业的补贴持续增加，农业获得的各项补贴的总和摊到每亩土地上，已经超过了100元，对于水费补贴而言，每亩提供10～30元的标准几乎可以达成对灌溉水费的全面补贴。但是如果参照现行农业补贴的"直补"模式，水费补贴就会变得毫无意义，原因在于基层的灌溉管理主体收取水费的任务不会因此而变得容易。水费补贴应当向基本灌溉单元的治理主体提供，当前应主要提供给农村集体经济组织中村民小组一级,当然,水费补贴的使用应当受到灌溉用水户的监管。

(7) 用水管理中的节水激励机制创设。

在节水型社会建设的总体要求下,我国灌区在用水管理中有必要创设节水激励机制。应当说,水价制度是比水权转让制度更为基础性的激励节约、调节水资源配置的手段。在我国当前的水价制度中,激励节水主要是采用"定额管理、累进加价"的办法,这种方法主要给浪费性用水设置了惩罚性水费。此外,也可以采用正面激励的方式,即依据农田的一般耗水标准再设立一个用水定额,对于实际用水量少于这一用水定额的用水单位给予一定的奖励。也就是说,可以同时设置正、反两个层面的节水激励机制,而所有相关定额标准的设立都应该是针对最末端的可计量的用水主体来设计的,即针对基本灌溉单元设置节水激励的定额标准。

(8) 健全基层水利服务组织的发展。

基层水利服务组织主要指的是基层水利站(水务站)。农村改革后至农村税费改革以前,基层水利站主要负责小型灌区以及斗渠(包含部分支渠)渠段的管理,并且对其管理辖域内(乡镇或者小型的流域)的其他水利事务担负总体性的管理责任。农村税费改革以后,小型农田水利和灌区末级渠系开展了产权制度改革,水利站退出了这部分水利工程的管理领域。而随着乡镇体制改革的实施,一些地方政府开始对水利站进行市场化改革,比如湖北省推行了"以钱养事"改革,水利站更名为水利服务中心,其性质也不再属于行政体制的一部分,地方政府通过"市场化"的方式"购买"水利服务中心提供的服务。实践表明,这一改革对水利发展是不利的,改革的结果是基层水利服务人才大量流失,且基层水利服务的质量大幅度降低。原因在于,基层水利服务是一个综合性的范畴,其服务事项和工作量都是难以进行精准确认的,属于行政体制的水利站是在职业责任制的压力下开展各项工作的,而属于非行政体制的水利服务中心在依据市场规则提供服务的过程中,对于内容不明晰的服务更倾向于减少工作的投入,因而改制以后服务质量降低是一种必然结果。不仅如此,基层的水利服务是一个强调专业性与经验性的领域,一个专业知识过硬的水利人才,如果对于地方实际状况难以熟练掌握也难以开展工作,因而在实践中,水利人才本身也很难发生市场化的流动,政府通过市场机制购买服务并不一定能够实现低成本购买高效服务的结果。由此,本书认为基层水利服务站并不适宜进行市场化的改制,而其在水利发展中的作用却不可替代,我国水利发展政策应当明确基层水利站建设的意义,并对其发展给予政策与财政资金的支持。

第三节　本书的不足与展望

虽然笔者已经为本书讨论的逻辑性、深入性、完整性和丰富性作出了多种努力,但是不可否认,本书还存在诸多不足,最主要的不足还是经验材料获取方面的不足。虽然笔者针对本研究主题的讨论,在湖北省沙洋县开展了一段时间的调研,但是在经验材料的获取上还是存在一定的不足。本书讨论的灌区末级渠系,是针对规模灌区而言的,而我国的规模灌区主要包括山区、丘陵地区的长藤结瓜式灌区和北方平原地区的井渠结合灌区,本书的讨论主要是基于长藤结瓜式灌区的治理经验展开的,虽然这类灌区是我国规模灌区的主导模式,但是并不意味着北方平原地区井渠结合灌区的治理经验不重要。

以上这些不足需要笔者在以后的学术研究中不断进行补充和完善。除此之外,本书所涉及的研究还可以从多个方向进行拓展,这些方面都具有重大的现实意义和理论价值。首先一个可以拓展的方向是对小型灌区、井渠结合灌区、灌区末级渠系以外的小型农田水利工程以及灌区骨干工程的治理展开比较研究,这些主题的政策研究也都要求以丰富的经验考察为基础,在这些研究的基础上可以形成对我国灌区治理的完整认识。另一个可以在理论层面深入讨论的方向是关于公共灌溉治理主体的研究,从法学研究的角度来说,社会化的公共灌溉治理主体的出现是对我国行政法学中行政主体理论的冲击,它本身应当成为行政法学主体理论的一个研究领域；从公共管理研究的层面来说，我国的公共灌溉治理经验中也可能会产生新的公共管理的理论。再一个可以拓展的方向是中国特色农业现代化的政策与理论问题研究，以农田灌溉为切入口的相关研究也将带来对我国农业现代化政策和理论体系的完善。接下来，笔者还会沿着本研究主题开展进一步的研究，并希望这些研究能对我国灌溉事业的发展产生积极的影响。

附录 A 湖北省沙洋县官垱镇马沟村委会:用水户协会的规章制度

用水户协会章程

第一章 总　则

第一条　为了适应社会主义市场经济、建设社会主义经济新体制的需要,提高本灌区的灌溉效益,提高农作物产量,减轻农民负担,减轻国家的财政负担,特根据湖北省人民政府鄂政发〔1995〕6 号文件和鄂政办函〔1995〕33 号文件精神,成立本协会。

第二条　本协会是农民自己组织,通过民主选举产生的一个群众性的自治组织,具有法人资格。

第三条　本协会实行经济自立、自主、独立核算。政府按分级管理的办法,将本协会内的灌溉设施的使用权和管理权转让给本协会。本协会依照中华人民共和国有关法律、法规,与政府合作、开发、改善和管理本灌区的灌溉系统,保证灌溉资产的保值和增值。

第四条　本协会宗旨是:服务灌区、服务农业、服务农民、提高社会效益。

第二章　会员及组织形式、成员

第五条　本灌区所有受益农户户主都是本协会的会员。

第六条　本协会由一个个用水村组成。

第七条　各用水村通过本村内所有参加本协会的用水者以大会选举

的方式,在本村的会员中产生若干名代表。如果该用水村涉及一个以上的村民小组,则每个村民小组至少应有一名代表;如果某用水者的灌溉面积较大,可以有一至两名代表。如果某个用水组的代表多于一名,由本协会的执行委员会在这些代表中指定一名作为首席代表,领导本用水组的其他代表进行工作。

第八条　通过本协会内各用水组的全体代表参加的用水者代表大会,在代表中选举产生四人作为本协会执行委员会(以下简称执委会)的成员。其中:理事长一名,副理事长三名,执委会理事长是本协会的法人代表。

第九条　用水者代表大会是本协会的最高权力机构。执委会是本协会的办事机构。执委会理事长领导执委会其他成员进行工作,执委会可以聘用会计人员和技术工作人员。他们可以不是代表,也可以是代表,还可以由执委会成员兼任。

第十条　用水者代表是用水组的管水员,每个用水组配备一至两名负责管水。

第三章　工作职权

第十一条　用水者代表大会的职权是:选举和罢免执委会成员;审查和通过执委员会的各项工作计划、用水计划;审查执委会的年度财务预算、决算;作出本协会内与一个以上用水组有关的处罚决定;必要时按照本章程第一、二、三条的规定修改本章程。

第十二条　执委会的职权是:在用水者代表大会闭会期间行使下列职权。

通过与供水单位、有关村委会协商,制订用水计划,工程维护计划、用工计划,集资办水利的计划,以及其他工作计划,并提交用水者代表大会审批。

编制本年度财务预算、决算报告,提交用水者代表大会审批。执行用水者代表大会的各项决议,并向代表大会报告工作,组织、指导用水者代表管理本协会范围的灌溉设施安全、维护工作。负责各用水组之间的灌溉调度,平衡各用水组之间的利益,解决各用水组之间的水事纠纷。在各用水组代表中任免首席代表。负责将各用水组的水费收齐,向供水单位买水。

第十三条　用水者代表在用水者大会闭会期间行使下列职权:参加用水者代表大会,在执委会的领导下,通过与有关村和村民水组协商,制定本用水组的用水计划、工程维护计划,集资办水利计划和其他工作计划,报用水组大会审批,并将经过批准的计划报执委会备案。在执委会的领导下,执行用水组大会和用水者大会的决议,向用水组大会报告工作,负责管理本用水组范围内的灌溉设施安全、维护,负责本用水组灌溉的调度,平衡会员之间的利益,解决本组会员之间的水事纠纷,向执委会反映会员的意见和建议,负责收集本组内水费并及时上交执委会。

第十四条　用水组大会是本用水组的决策机构,其职权包括:选举和罢免本用水组的代表,审查通过本组代表的用水计划和集资水利的计划,作出本组内的处罚决定。

第四章　会员的权利与义务

第十五条　会员的权利包括:参加由本组代表召集的会议;选举和被选举为本用水组的代表;对本用水组代表和执委会成员的工作提出意见和建议。

第十六条　会员的义务包括:按时交纳水费和其他费用;在代表的领导下,保护、维修本协会范围内的水利设施以及完成下达的各项水利建设任务;向代表反映用水中存在的问题。

第五章　经费来源

第十七条　本协会内以集资办水利的形式,本着谁受益谁负担的原则。实行按受益田亩分摊,也可以按人、田结合分摊的办法,由本协会根据情况决定。

第六章　任免与换届

第十八条　用水者代表和执委会成员的选举与村民小组领导成员的选举同步进行。执委会的成员和代表可以连选连任。

第十九条　用水者代表(含首席代表)和执委会成员辞职,须先提出书面申请。执委会成员由用水者代表大会批准。首席代表由执委会批准,其他代表由用水组大会批准。在未经批准之前,应继续履行其职责,如果用水者代表和执委会成员缺员,应及时召开用水组大会或用水者代表大会补选。

第七章　处罚与协调

第二十条　凡违反《中华人民共和国水法》和其他法律、法规以及本章程规定的事项,对当事人实行处罚。其处罚分为:限期恢复或改正,赔偿经济损失,减少供水(量、时);停止供水,罚款;直至送交司法部门处理。

第二十一条　为保证用水户协会高效有序地运转,应相应地成立临时协调小组。临时协调小组由用水户协会理事长、镇有关领导和水务站、供水单位等代表联合组成。协调小组组长由镇有关领导担任。其协调小组的职责是:指导、监督、保证用水户协会按章行事,协调各方关系,调解处理用水户协会报告的水事纠纷。协调小组成员不能在用水户协会中领取任何报酬,也不得在协会中报销任何费用。

第八章　附　　则

第二十二条　用水组大会和用水者代表大会每年至少要召开两次例会。其时间可根据实际情况决定,必要时可召开用水者代表大会特别会议,特别会议的职权与例会等同。

第二十三条　通过用水组大会的决议,须经本组半数以上的会员同意,通过用水者代表大会的决议,须经本协会半数以上的代表同意。

第二十四条　本协会设在沙洋县官垱镇马沟村委会。

第二十五条 本章程经用水户协会和用水户协会代表大会于 2012 年 4 月 28 日通过。

第二十六条 本章程由本协会及其执委会负责解释。

二〇一二年四月二十八日

用水户协会工程管理制度

第一章 总 则

第一条 为了保障本协会辖区渠道及附属建筑物的完好和安全运行,依据协会章程制定本制度。

第二条 本协会辖区内的灌溉工程包括:注明所管支斗渠名称及附属建筑物,其管理权和使用权为本协会会员所有。

第二章 工程管理的实施

第三条 本协会的工程管理实行分级负责制,支渠及渠系建筑物由协会统一管理,斗渠以下渠道及其小型建筑物由用水组管理。

第四条 在灌溉期间,用水户代表、执委会成员均应巡堤护水,用水组(或分会)必须组织劳力对所辖堤段加强检查维护,保证渠道安全通水。

第五条 灌溉前协会应对渠道进行全面检查,对影响通水的渠道及建筑物应及时组织力量进行维修。

第六条 每次放水结束后,用水户代表(管水员)要对辖区内渠道进行检查,发现破损、垮塌应及时组织用水户修复。大的安全问题,上报协会执委会组织维修。

第七条 支渠及其建筑物维修或更新由协会制定方案报会员代表大会审批,所需资金按用水组(或分会)受益面积分摊。

第八条 斗渠以下渠道维修、配套、改造由用水组(或分会)制定方案,经用水组(或分会)会员大会通过后实施,所需资金由各用水户按受益田亩分摊。

第九条　本协会新建灌溉工程由执委会负责规划设计,会员代表大会审批,并与乡村政府协商后组织实施,资金与劳务由新建工程的受益者按灌溉面积分摊。

第十条　渠道绿化实行分级管理,由用水户代表与执委会成员组织实施。

第十一条　本协会会员有按照协会章程完成灌溉工程维修的义务,任何会员不应拒绝。

第三章　附　　则

第十二条　本制度经协会会员代表大会通过后执行。由协会执委会负责解释。

用水户协会灌溉管理制度

第一章　总　　则

第一条　为了实行计划用水、节约用水、提高农业灌溉效益和供水可靠性,为广大用水户搞好灌溉服务,依据协会章程制定本制度。

第二条　灌溉管理要依据全年和阶段性供水计划,贯彻适时供水、安全输水、合理利用水资源、平衡供求关系、科学调配水量、充分发挥灌溉效益的原则。

第二章　灌溉管理的实施

第三条　灌溉管理实行执委会调度管理责任制,调度管理按计划供水、用水申报、合理调配、分段计量的方法实施。

第四条　每年3月由各用水组(或分会)组织各用水户填写《年度用水申请表》,报协会汇总。协会依据此供求量确定年度用水计划,报供水单位并与其签订供水合同。

第五条　每轮灌溉前,由各用水组(或分会)根据农作物需水情况向协会报告并办理本轮灌溉用水计划,包括用水时间、流量及总水量。

第六条　严格灌溉调度,每轮灌溉应提前(根据灌区实际情况确定)申报,用水量增减提前(根据灌区实际情况确定)申报。供用水按计量确认,应双方在场,做好记录,双方签字。

第三章　灌溉管理的要求

第七条　严禁人情水、关系水;严禁隐瞒或转移水方;严禁以权谋私、私减水方。

第八条　科学调度,合理配水。坚持上游照顾下游,局部服从全局的原则,杜绝漫灌,做好蓄水保水、节约用水工作。

第九条　认真做好渠道防汛、保安工作。放水灌溉期间各用水组(或分会)必须派人巡堤守水,分段把关,抢险堵口,实行行政区划负责制。

第十条　认真做好水费计收工作。水量结算做到协会、用水组(或分会)、用水户三方相符。严格执行水价,不擅自提高收费。水费实行专款专用,不挪用、不截留。

第十一条　遵守灌溉纪律,维护灌溉秩序,服从统一调度。杜绝偷水、抢水,破坏建筑物放水,私自截流放水等。严禁在渠道堤顶及坡内种植作物。

第十二条　严格依法管水。对违章用水者应由协会根据情节按章程及有关规章制度进行处理,情节严重的报政府部门处理,触犯刑律的交司法部门处理。

第四章　附　　则

第十三条　本制度经协会会员代表大会通过后执行。由协会执委会负责解释。

用水户协会财务管理制度

第一章 总 则

第一条 为加强财务管理，依照协会章程制定本制度。

第二条 本协会的财务管理工作应遵守国家的法律、法规和财务管理制度，切实履行财务职责，如实反映财务状况，接受主管财务机关的检查、监督。

第二章 财务管理的办法、规定

第三条 本协会按照经济自立原则，建立盈亏平衡成本核算体系。

第四条 协会配备的财务人员具备基本的业务素质，并保持稳定性。在财务人员变动时，应事先办理好审计和财务交接手续。

第五条 协会的现金支出凭证除需要有经办人签字外，还必须有财务负责人(执委会领导成员兼任)或其授权人签字。严格控制开支，紧缩管理费支出。

第六条 水费收入和其他收入，以开出的财务收据留存联作为入账凭证及时入账。

第七条 协会按照财务主管部门的要求，对固定资产清查盘点，固定资产盈亏、毁损的净收入或净损失计入营业外收入或营业内收入。

第八条 面向本协会的政府专项拨款，必须按照国家或上级供水部门规定的项目预算范围列支，专款专用。

第九条 协会按照上级主管部门规定的时间和要求提交财务报告。

第十条 协会将年度财务报告及各种会计凭证、账簿和资料等建立档案，并妥善保存。

第十一条 协会财务收支状况每年要向用水户公开。

第三章　附　　则

第十二条　本制度的修改、撤销须经协会会员代表大会审定。由协会执行委员会负责解释。

用水户协会奖惩办法

第一章　总　　则

第一条　本办法适用于本会范围内的所有用水户。

第二条　奖励与处罚的目的在于促进协会所属工程的维护并免遭人为破坏,维护灌溉秩序,促进水费的足额按时交纳,使协会章程及各项规章制度落到实处。

第三条　奖惩的原则是"鼓励先进、鞭策后进,以奖为主、以罚为辅,施奖公正、处罚合理"。

第二章　奖　　励

第四条　奖励分为通报表彰、优先供水和物质奖励。

1. 全年水费及时足额交纳者,给予通报表彰并予以公布。

2. 预交水费或前次灌水水费结零及时者视情况予以优先供水。

3. 灌溉期间发现工程重大隐患及时报告从而避免重大事故发生者,发现人为破坏工程予以制止并向有关部门报告避免重大损失者,予以100～1000 元的现金奖励。

4. 用水户协会执委会成员、用水户代表(或首席代表)在组织全年灌溉工作中成绩突出,经用水户代表大会评选为先进者,给予50～200 元现金奖励或同等价值的实物奖励。

第五条　本协会对爱护工程、交纳水费、集资办水利成绩突出的会员,可依照本办法随时进行表彰和奖励。

第三章 处 罚

第六条 本协会辖区内的灌溉工程遭到人为破坏均应视其情节轻重由执委会作出限期修复、赔偿损失、罚款、减少供水、停止供水等处理。

第七条 支渠上的节制闸、护坡道遭到破坏，肇事者应在10天内修复。

第八条 放水闸遭到破坏，肇事者应在3天内修复，拒绝修复者处以500～2000元罚款，由协会收取并组织修复。

第九条 凡在渠道上任意扒口、拦水者按偷水论处，每次罚款500～2000元，并按实际水量追补水费。

第十条 凡发生争、抢水事件，在用水组范围内由协会代表（或首席代表）处理，在用水组之间由协会处理。发生打骂事件报乡、村治安管理人员处理，造成经济损失或人员伤亡的交司法部门处理。

第十一条 协会会员不得拖欠水费，拖欠者必须按月交纳1％的滞纳金，并限期交清。交清水费以前协会对其停止供水。

第十二条 协会通过的兴办或维修灌溉工程的集资分摊费用，每一个受益会员都必须足额交纳，对拒绝交款的，协会对其限制供水，直至停止供水。

第十三条 本协会与其他组织之间的水事纠纷，由上级部门协调处理。

第四章 附 则

第十四条 对特困户水费及工程费的减免，应由执委会提出方案，经协会代表大会通过后执行。

第十五条 本办法与协会其他规章制度参照执行。

第十六条 本办法由协会代表大会通过，由协会执委会负责解释。

附录 B 沙洋县水务局：关于在全省实行农业灌溉水费统筹的建议

(2013 年 1 月 17 日)

农业灌溉水费是指通过水利工程拦蓄、引提、灌排等措施，为受益农田提供天然水供应或排水而应收取的成本费用。一直以来，农业灌溉水费都是基层水管单位特别是水库管理单位正常运行经费的主要来源。征收农业灌溉水费是维系农田水利设施正常运行，提高水资源利用效益和效率，保证农业综合生产能力的重要经济来源。

一、沙洋县农业灌溉基本情况

沙洋县位于鄂西北山区与江汉平原结合部，居汉江下游首段，共有耕地 93.5 万亩，是全省粮食生产大县。境内水资源丰富，水工程众多，受气候和地形地貌条件影响，常年北旱南涝，水旱灾害交替频发。多年平均降雨量为 1000 毫米，多雨年为 1600 毫米，少雨年仅有 600 毫米。全县农业灌溉主要依靠漳河水库枢纽工程（目前实际灌溉面积为 33 万亩）、中小水库和堰塘等蓄水工程、泵站涵闸等引提水工程。

从 2003 年起，沙洋县执行《湖北省关于规范水利工程农业水费收取和使用的管理意见》，取消农业水费和共同生产费，抗旱和排涝费用按照"谁受益、谁出钱"的原则，由受益农户据实承担；取消"两工"，村组农田水利建设所需资金和劳力，纳入"一事一议"范围统筹。在此体制下，水利工程年久失修，渠系淤塞、渗漏、无人管理，原有灌区的同步性、整体性被打乱，农民自筹资金建机井、挖堰塘等小水利，各自为战，解决单户灌溉。2004 年，依照《湖北省水利工程水价管理暂行办法》，执行两部制水价，灌溉水费按基本水费及方量水费向用水单位和个人征收。2006年起,全国范围内免征农业税,农业、林业、农机等涉农部门逐步取消涉农收费项目,发放粮食直补、退耕还林、农机等补助资金,唯独剩下农业灌溉用水这一项收费,农民上交水费的意识逐渐淡漠,灌溉用水基本不交钱;遇较大旱情主要靠县镇村等筹钱"买单"。

二、农业灌溉用水存在的主要问题

1. 农民负担重

在沿河、湖、库等水源条件较好的地区,正常年景水源充足的情况下,农户买泵抽水灌溉,灌溉成本每亩平均40～50元。如五里铺镇的陈闸村、枣店村,处于漳河三干渠灌区,渠系和配套设施基本完好,农民用水户协会每年开春以村、组为单位按每亩5元预收水费,然后按每立方米水7.6分收取计量水费,每亩平约为40元,较受农户欢迎。

在灌溉渠系末端或渠道不畅的地区,农户纷纷打井灌溉,按每户10亩田计算,潜水泵、电线、水管等设备投资每年每亩平均花费100元;因地下水超采,需不断加大机井深度,每口深井开挖价格为7000～8000元,只能使用一年;在抗旱用电高峰期,因电压不够高还需购置小型发电机发电抽水,价格约为1800元。如地处漳河水库三干渠灌区的十里铺镇白玉村,有耕地5000亩,2012年伏旱,从7月31日到8月21日开闸放水,共耗费水费10.86万元,水泵和电费开支不计在内,每亩平摊200元,老百姓怨气很大。

2. 矛盾纠纷多

各镇村不同程度存在着放水矛盾,特别是遇干旱年份,因为渠道堵塞,从上游放水,多的要十几天才能放到下游末级支渠。上游村组需水却不申报用水流量,等下游放水时"揩油";下游群众经常是钱交了"望穿秋水",却放不到足够的水,还误了农时,造成上下游之间、群众与水管单位之间矛盾加深。如地处杨树垱水库灌区末端的十里铺镇金玉村,2012年抗旱从该库提水灌溉,历时 288 小时,耗用电费、水费 11 万元,仅灌溉 4 家农户 8 亩稻田,至今仍在为抗旱资金扯皮。

3．组织协调难

分田到户以后,农业生产呈现单家独户式的分散经营,村级组织功能弱化,干部难以组织统一灌溉;即使迫于旱情实行统一灌溉,村干部也因农户迟交、欠交、不交水费而头疼。而且农户之间、镇村之间、流域上下游之间存在着各种利益冲突,抗旱调度协调开展不顺。2012 年伏旱,距离漳河二干渠 1.7 公里的纪山镇金桥村九组,因村民意见不统一,村委会难以组织,只好随村民自行交钱放水。处于渠道上游的杨某,占用 0.5 个流量的涵闸按 0.1 个流量放水,8 亩田耗时 50 小时,而其他农户只能排队依次等候。村干部处于灌溉组织的最前沿,由于体制原因,却无力管束农户、难以协调矛盾,工作积极性也因此严重受挫。

4．责任意识差

本来国家规定"谁受益、谁承担",可现实中受益的农民缺乏主体责任意识,有水就灌、无水则闹,水费征收艰难;各级政府为维护社会稳定,只好调剂财政资金补贴水费差价,承担了大部分灌溉成本。如五里铺镇的严店村,因处三干渠下游末端,抗旱成本高,为保社会稳定,每年抗旱镇财政都要拿钱补贴,每亩平均补贴 100 元。拾回桥镇香店村位于三干渠二支干末端,2012 年伏旱放水,村民交费 2 万多元,镇里补贴了 2 万多元,才勉强保证了灌溉。长此以往,加大了县镇财政负担不说,农民作为受益主体该承担的责任不承担,遇旱减了收成,反倒上访骂政府、骂干部,社会价值观被扭曲。

5．社会危害大

一是破坏生态。开发地下水原是开源抗旱的重要措施,但有地表水不用,却严重超采地下水,会导致机井报废、地下水质恶化、地表沉降等问题。

二是破坏电力。2011 年大旱高峰期间,据电力部门统计,全县每天有超过 10 万台潜水泵一起上阵,导致电力陡然紧张,烧坏了许多农村变电站区供电设备。

三是危及安全。农户私自接电抽水,引发触电事故。近几年抗旱期间,均有农民因私接电线用电不当,导致电击身亡的事故发生,令人痛心。

三、实行农业灌溉水费统筹的建议

针对上述问题,除了加快灌溉体系修复工程措施以外,建议实行农业灌溉水费统筹。

1. 出台政策

在全省实行农业灌溉水费统筹,可在有关市县先行试点,再逐步推开。经测算,以沙洋县漳河三干渠灌区为例,每亩按年需水 450 m^3 计算,考虑试点风险,水费统筹基本标准为 25 元/亩。提请省人大常委会讨论通过,出台相关政策,从直补农户的国家惠农资金中拿出一部分作为统筹灌溉的预缴水费,专项用于基本水费补贴。

如沙洋县曾集镇官集村,实行灌溉统筹,采取预交水费,统筹管理。即使是处于渠系末端的田亩,全季节放水灌溉保收割,每亩平均费用为25.7 元,费用最低的农户,每亩平均仅十几元。

2. 实行灌溉水费补贴

建议省政府从惠农资金中拿出一部分用于抗旱灌溉水费补贴,以耕地为依据核算,直补到村,专户储存,财政管理,用于调剂补充抗旱水费,结余滚存,不发放到农户个人。

参 考 文 献

[1] 奥尔森.集体行动的逻辑[M].陈郁,郭宇峰,李崇新,译.上海:格致出版社,上海人民出版社,2011.

[2] 奥斯特罗姆.公共事物的治理之道:集体行动制度的演进[M].余逊达,陈旭东,译.上海:上海译文出版社,2012.

[3] 巴洛,克拉克.水资源战争:向窃取世界水资源的公司宣战[M].张岳,卢莹,译.北京:当代中国出版社,2008.

[4] 布伦斯,梅辛蒂克.水权协商[M].田克军,刘斌,韩占峰,严正,译.北京:中国水利水电出版社,2004.

[5] 曹明德.论我国水资源有偿使用制度——我国水权和水权流转机制的理论探讨与实践评析[J].中国法学,2004(1).

[6] 陈博,常远.典型地区和国家农民用水合作组织建设的主要做法和启示[J].水利发展研究,2014(1).

[7] 陈建平.角色转换:参与式农村发展的重要理念[J].广东行政学院学报,2006(2).

[8] 陈崇德,陈天鹰,罗云奎.漳河灌区农民用水者协会的实践探析[J].中国水利,2001(5).

[9] 陈崇德,胡小梅,王永东.关于两部制水价的思考[J].水利发展研究,2006(5).

[10] 陈菁.水管理体制基本概念的整理及分类[J].中国水利,2001(3).

[11] 陈锡文.中国特色农业现代化的几个主要问题[J].改革,2012(10).

[12] 陈锡文.把握农村经济结构、农业经营形式和农村社会形态变迁的脉搏[J].开放时代,2012(3).

[13] 陈锡文,赵阳,陈剑波,罗丹.中国农村制度变迁60年[M].北京:人

民出版社,2009.

[14] 陈锡文,赵阳,罗丹.中国农村改革 30 年回顾与展望[M].北京:人民出版社,2008.

[15] 陈宝峰.农田灌溉管理体制的改革[J].中国农业大学学报,1999(4).

[16] 迟福林.发展现代农业需要公共服务[J].浙江经济,2007(6).

[17] 褚俊英,秦大庸,王浩.我国节水型社会建设的制度体系研究[J].中国水利,2007(15).

[18] 崔建远.自然资源物权法律制度研究[M].北京:法律出版社,2012.

[19] 崔建远.关于水权争论问题的意见[J].政治与法律,2002(6).

[20] 崔延松.水资源经济学与水资源管理:理论、政策和运用[M].北京:中国社会科学出版社,2008.

[21] 崔远来,张笑天,杨平富,等.灌区农民用水户协会绩效综合评价理论与实践[M].郑州:黄河水利出版社,2009.

[22] 邓伟志,钱海梅.从新公共行政学到公共治理理论——当代西方公共行政理论研究的"范式"变化[J].上海第二工业大学学报,2005(4).

[23] 邓小平.邓小平文选(1-3 卷)[M].北京:人民出版社,1993.

[24] 杜威漩.中国农业水资源管理制度创新研究——理论框架、制度透视与创新构想[D].杭州:浙江大学,2005.

[25] 杜赞奇.文化、权力与国家:1900—1942 年的华北农村[M].王福明,译.南京:江苏人民出版社,1996.

[26] 丁平,李崇光,李瑾.我国灌溉用水管理体制改革及发展趋势[J].中国农村水利水电,2006(4).

[27] 丁平.我国农业灌溉用水管理体制研究[D].武汉:华中农业大学,2006.

[28] 丁建军,黄国辅.以农民土地合作破解水利灌溉困局——以湖北沙洋王坪村为例[J].农村经济,2012(8).

[29] 董维科,赵磊.坚持计划用水 强化灌溉管理[J].中国水利,1991(3).

[30] 中共中央马克思恩格斯列宁斯大林著作编译局.马克思恩格斯选集(第4卷)[M].北京:人民出版社,1972.

[31] 恩格斯.自然辩证法[M].北京:人民出版社,1971.

[32] 傅泽平.中国农村完善双层经营体制研究[M].成都:西南交通大学出版社,1992.

[33] 樊丽明,石绍宾.公共品供给机制:作用边界变迁及影响因素[J].当代经济科学,2006(1).

[34] 范连志.大型灌区水管单位体制改革与农业供水成本水价研究[D].武汉:武汉大学,2004.

[35] 范方志,汤玉刚.农村公共品供给制度:公共财政还是公共选择?[J].复旦学报(社会科学版),2007(3).

[36] 饭岛孝史.日本土地改良区与中国用水户协会——试论日中两国灌溉管理体制的异同[A]//中日农田水利交流论文集[C],2003.

[37] 冯广志,张敦强.台湾的农田水利管理[J].中国农村水利水电,2001(12).

[38] 冯广志.用水户参与灌溉管理与灌区改革[J].中国农村水利水电,2002(12).

[39] 冯广志.小型农村水利改革思路[J].中国农村水利水电,2001(8).

[40] 葛颜祥,胡继连.水权市场与地下水资源配置[J].中国农村经济,2004(1).

[41] 关涛.民法中的水权制度[J].烟台大学学报(哲学社会科学版),2002(4).

[42] 郭善民.灌溉管理制度改革问题研究——以皂河灌区为例[D].南京:南京农业大学,2004.

[43] 郭元裕.农田水利学[M].北京:中国水利水电出版社,2007:248.

[44] 郭莉,崔强,陆敏.从行政法角度浅析农民用水者协会[J].节水灌溉,2010(7).

[45] 郭大本.节水型社会建设的提出及其含义和背景[J].水利科技与经济,2014(2).

[46] 顾斌杰,严家适,罗建华.建立与完善小型农田水利建设新机制的若干问题[J].中国水利,2008(1).

[47] 桂华.组织与合作:论中国基层治理二难困境——从农田水利治理谈起[J].社会科学,2010(11).

[48] 桂华.水利中的组织化机制与合作化机制——以荆门市沈集镇为例[J].古今农业,2010(4).

[49] 桂华.小农中国需要什么样的水利[J].绿叶,2010(5).

[50] 登哈特.新公共服务:服务,而不是掌舵[M].丁煌,译.北京:中国人民大学出版社,2004.

[51] 韩东.当代中国的公共服务社会化研究:以参与式灌溉管理改革为例[M].北京:中国水利水电出版社,2011.

[52] 韩洪云,赵连阁.灌区水价改革及其影响研究[M].杭州:浙江大学出版社,2007.

[53] 韩丽宇.世界灌溉管理机构的变革[J].节水灌溉,2001(1).

[54] 韩丽宇.美国联邦政府灌溉投资的偿还[J].水利发展研究,2001(4).

[55] 韩喜平.试论马克思的改造小农理论[J].当代经济研究,2002(5).

[56] 贺雪峰,罗兴佐.中国农田水利调查:以湖北省沙洋县为例[M].济南:山东人民出版社,2012.

[57] 贺雪峰.小农立场[M].北京:中国政法大学出版社,2013.

[58] 贺雪峰.组织起来:取消农业税后农村基层组织建设研究[M].济南:山东人民出版社,2012.

[59] 贺雪峰.新乡土中国(修订版)[M].北京:北京大学出版社,2013.

[60] 贺雪峰.关于"中国式小农经济"的几点认识[J].南京农业大学学报(社会科学版),2013(6).

[61] 贺雪峰.南方农村与北方农村差异简论——以河南省汝南县宋庄村

的调查为基础[J].学习论坛,2008(3).

[62] 贺雪峰.退出权、合作社与集体行动的逻辑[J].甘肃社会科学,2006(1).

[63] 贺雪峰."农民用水户协会"为何水土不服?[J].中国乡村发现,2010(1).

[64] 贺雪峰,罗兴佐.论农村公共物品供给中的均衡[J].经济学家,2006(1).

[65] 贺雪峰,罗兴佐,陈涛,等.乡村水利与农地制度创新——以荆门市"划片承包"调查为例[J].管理世界,2003(9).

[66] 侯依群,陈军.经济自立灌排区研究[J].中国农村水利水电,2000(11).

[67] 胡鞍钢,王亚华.转型期水资源配置的公共政策:准市场和政治民主协商[J].中国软科学,2000(5).

[68] 胡继连,张维,葛颜祥,等.我国的水权市场构建问题研究[J].山东社会科学,2002(2).

[69] 胡继连,姜东晖,戎丽丽.水权质量与农用水资源需求管理研究[M].北京:中国农业出版社,2010.

[70] 胡继连,武华光.灌溉水资源利用管理研究[M].北京:中国农业出版社,2007.

[71] 黄锡生.论水权的概念和体系[J].现代法学,2004(4).

[72] 黄宗智.制度化了的"半工半耕"过密型农业(上)[J].读书,2006(2).

[73] 黄宗智.制度化了的"半工半耕"过密型农业(上)[J].读书,2006(3).

[74] 贾大林,姜文来.试论提高农业用水效率[J].节水灌溉,2000(5).

[75] 蒋俊杰.我国农村灌溉管理的制度分析(1949—2005)——以安徽省淠史杭灌区为例[D].上海:复旦大学,2005.

[76] 姜长云.中国节水农业:现状与发展方向[J].农业经济问题,2001

(10).

[77] 姜文来.农业水资源管理机制研究[J].农业现代化研究,2001(2).

[78] 江泽民.论"三个代表"[M].北京:中央文献出版社,2001.

[79] 焦长权.政权"悬浮"与市场"困局":一种农民上访行为的解释框架——基于鄂中 G 镇农民农田水利上访行为的分析[J].开放时代,2010(6).

[80] 焦长权.治水的历程——治水变迁中的国家与农民[D].北京:北京大学,2012.

[81] 金丽馥,石宏伟,李丽.马克思主义经典作家关于农业发展的若干理论[J].江西社会科学,2002(12).

[82]《荆门市水利志》编纂委员会.荆门市水利志[M].武汉:湖北教育出版社,1989.

[83] 魏特夫.东方专制主义:对于极权力量的比较研究[M].徐式谷,奚瑞森,邹如山,译.北京:中国社会科学出版社,1989.

[84] 孔祥智.中国农业社会化服务:基于供给和需求的研究[M].北京:中国人民大学出版社,2009.

[85] 李培蕾,钟玉秀,韩益民.我国农业水费的征收与废除初步探讨[J].水利发展研究,2009(4).

[86] 李代鑫.中国灌溉管理与用水户参与灌溉管理[J].中国农村水利水电,2002(5).

[87] 李宽.治理性干旱——对江汉平原农田水利的审视与反思[J].中国农业大学学报(社会科学版),2011(4).

[88] 李雪松.中国水资源制度研究[M].武汉:武汉大学出版社,2006.

[89] 李可.自主管理灌排区的运行机制及其绩效分析[D].河南:河南农业大学,2004.

[90] 李晶.中国水权[M].北京:知识产权出版社,2008.

[91] 李国英.建立健全基层水利服务体系[J].中国水利,2011(23).

[92] 李映红.马克思恩格斯水利思想及其当代价值[J].学术论坛,2011

(11).

[93] 李文斌. 农业双层经营体制的理论与实践:农村经济体制改革研究 [M]. 兰州:兰州大学出版社,1996.

[94] 中共中央马克思恩格斯列宁斯大林著作编译局. 列宁选集(第 4 卷) [M]. 北京:人民出版社,1995.

[95] 林辉煌. 水利的依附性:水土关系视阈下的中国农田水利——基于 湖北两个村庄的对比研究[J]. 中国农业大学学报(社会科学版), 2011(2).

[96] 林辉煌. "治理性缺水"与基层组织建设——基于湖北沙洋县的调查 [J]. 经济与管理研究,2011(9).

[97] 罗兴佐. 税费改革前后农田水利制度的比较与评述[J]. 改革与战 略,2007(7).

[98] 罗兴佐. 水利,农业的命脉:农田水利与乡村治理[M]. 上海:学林出 版社,2012.

[99] 罗兴佐. 治水:国家介入与农民合作[M]. 武汉:湖北人民出版 社,2006.

[100] 罗兴佐. 农村公共物品供给:模式与效率[M]. 上海:学林出版 社,2013.

[101] 罗兴佐. 对当前若干农田水利政策的反思[J]. 调研世界,2008(1).

[102] 罗兴佐. 长丰县农业用水制度改革研究[J]. 水利发展研究,2011 (6).

[103] 罗兴佐,贺雪峰. 乡村水利的组织基础——以荆门农田水利调查为 例[J]. 学海,2003(6).

[104] 罗豪才. 行政法学[M]. 4 版. 北京:北京大学出版社,2016.

[105] 蓝志勇,陈国权. 当代西方公共管理前沿理论述评[J]. 公共管理学 报,2007(3).

[106] 刘蒨. 日本的农业用水与水权[J]. 水利发展研究,2005(5).

[107] 刘志欣. 新公共管理对中国行政法的影响——一个框架性的认识

[J].中南民族大学学报(人文社会科学版),2006(6).

[108] 刘铁军.小型农田水利设施治理模式研究[J].水利发展研究,2006(6).

[109] 刘静,Meinzen-Dick,钱克明,等.中国中部用水者协会对农户生产的影响[J].经济学(季刊),2008(2).

[110] 刘燕舞.当前农田水利困境的社会基础——以 H 省 S 县 Z 村为例[J].长春市委党校学报,2010(6).

[111] 刘涛."小农水利"的发展困境[J].中国乡村发现,2011(1).

[112] 吕德文.水利社会的性质[J].开发研究,2007(6).

[113] 马培衢.农村水利供给的非均衡性与治理制度创新[J].中国人口·资源与环境,2007(3).

[114] 马培衢.产权视角下的灌区水资源配置研究[J].资源科学,2006(6).

[115] 马克思.资本论(第一卷)[M].北京:人民出版社,2004.

[116] 马克思.资本论(第三卷)[M].北京:人民出版社,2004.

[117] 马克思主义基本原理概论编写组.马克思主义基本原理概论[M].北京:高等教育出版社,2008.

[118] 麦金尼斯.多中心治道与发展[M].毛涛龙,译.上海:上海三联书店,2000.

[119] 麦金尼斯.多中心体制与地方公共经济[M].毛涛龙,李梅,译.上海:上海三联书店,2000.

[120] 毛广全.美国的灌溉管理[J].北京水务,2000(6).

[121] 毛泽东思想、邓小平理论和"三个代表"重要思想概论编写组.毛泽东思想、邓小平理论和"三个代表"重要思想概论[M].北京:高等教育出版社,2008.

[122] 毛泽东.毛泽东著作选读[M].北京:人民出版社,1986.

[123] 毛泽东.毛泽东选集(1-4卷)[M].北京:人民出版社,1991.

[124] 毛泽东.毛泽东选集(1-8卷)[M].北京:人民出版社,1993.

[125] 孟志敏.水权交易市场——水资源配置的手段[J].中国水利,2000
(12).

[126] 孟凡贵.制度性干旱——中国北方水资源危机的社会成因[R].北
京:北京大学中国与世界研究中心,2009.

[127] 孟德锋.农户参与灌溉管理改革的影响研究——以苏北地区为例
[D].南京:南京农业大学,2009.

[128] 穆贤清,黄祖辉,陈崇德,等.我国农户参与灌溉管理的产权制度保
障[J].经济理论与经济管理,2004(12).

[129] 聂平平.公共治理:背景、理念及其理论边界[J].地方治理研究,
2005(4).

[130] 内蒙古农民用水户协会建立、运行和管理问题研究课题组.农民用
水户协会形成及运行机理研究:基于内蒙古世行 WUA 项目的分
析[M].北京:经济科学出版社,2010.

[131] 农业部软科学委员会办公室.农村基本经营制度与农业法制建设
[M].北京:中国财政经济出版社,2010.

[132] 农业部课题组.农业农村经济重大问题研究[M].北京:中国财政
经济出版社,2011.

[133] 农业部课题组.推动农业农村经济科学发展重大问题研究[M].北
京:中国农业出版社,2009.

[134] 多布娜.水的政治:关于全球治理的政治理论、实践与批判[M].强
朝晖,译.北京:社会科学文献出版社,2011.

[135] 裴丽萍.可交易水权研究[M].北京:中国社会科学出版社,2008.

[136] 裴丽萍.水权制度初论[J].中国法学,2001(2).

[137] 裴丽萍.可交易水权论[J].法学评论,2007(4).

[138] 裴丽萍.论水资源国家所有的必要性[J].中国法学,2003(5).

[139] 裴丽萍.论水资源调整模式及其变迁[J].法学家,2007(2).

[140] 钱焕欢,倪炎平.农业用水水权现状与制度创新[J].中国农村水利
水电,2007(5).

[141] 屈炳祥.从马克思对传统农业的评述看我国社会主义农业发展[J].经济学家,2009(4).

[142] 任俊生.论准公共品的本质特征和范围变化[J].吉林大学社会科学学报,2002(5).

[143] 沙洋县地方志编撰委员会.沙洋县志[M].武汉:长江出版社,2013.

[144] 苏孝陆.用水户协会在灌区体制改革中的地位[J].水利经济,2004(3).

[145] 苏小炜,黄明建.构建水权交易制度的法律构想[C]//水资源、水环境与水法制建设问题研究——2003年中国环境资源法学研讨会(年会)论文集(上册).2003.

[146] 苏青,施国庆,祝瑞祥.水权研究综述[J].水利经济,2001(4).

[147] 孙婷.用水户协会法律制度比较研究[J].人民黄河,2007(12).

[148] 沈满洪,陈锋.我国水权理论研究述评[J].浙江社会科学,2002(5).

[149] 沈大军.中国国家水权制度建设[M].北京:中国水利水电出版社,2010.

[150] 宋实,卓汉文.台湾农田水利会介绍[J].中国农村水利水电,2005(11).

[151] 宋明南.中国水法教程[M].南京:河海大学出版社,1992.

[152] 申端锋.税费改革后农田水利建设的困境与出路研究——以湖北沙洋、宜都、南漳3县的调查为例[J].南京农业大学学报(社会科学版),2011(4).

[153] 邵益生.试论水权的"三权分离"与"三权分立"[J].中国水利,2002(10).

[154] 内格尔.政策研究:整合与评估[M].刘守恒,张福根,周小雁,译.长春:吉林人民出版社,1994.

[155] 单平基.水资源危机的司法应对:以水权取得及转让制度研究为中

心[M].北京:法律出版社,2012.

[156] 尚长风.农村公共品缺位研究[J].经济学家,2004(6).

[157] 萨拉,穆建新.公共灌溉管理体制现代化——将来可持续灌溉的重点[J].中国水利,2005(20).

[158] 水利部发展研究中心调研组.小型农田水利基础设施发展的困境与出路[J].水利发展研究,2008(8).

[159] 水利部农村水利司.新中国农田水利史略:1949—1998[M].北京:中国水利水电出版社,1999.

[160] 水利部农村水利司,中国灌区协会.全国用水户参与灌溉管理调查评估报告[M].南京:河海大学出版社,2006.

[161] 水利部国际合作与科技司,水利部发展研究中心.各国水概况(美洲卷)[M].北京:中国水利水电出版社,2007.

[162] 蒂滕伯格.环境与自然资源经济学[M].7版.北京:中国人民大学出版社,2011.

[163] 谭同学.农田水利家庭化的隐忧——来自江汉平原某镇的思考[J].甘肃社会科学,2006(1).

[164] 唐铁汉.中国公共管理的重大理论与实践创新[M].北京:北京大学出版社,2007.

[165] 滕世华.公共治理理论及其引发的变革[J].国家行政学院学报,2003(1).

[166] 仝志辉.农民用水户协会与农村发展[J].经济社会体制比较,2005(4).

[167] 涂圣伟.社区、企业、合作组织与农村公共产品供给[M].北京:经济科学出版社,2011.

[168] 万生新,李世平.社会资本对非政府组织发展的影响研究——以农民用水户协会为例[J].理论探讨,2013(3).

[169] 王铭铭."水利社会"的类型[J].读书,2004(11).

[170] 王亚华.我国建设节水型社会的框架、途径和机制[J].中国水利,

2003(19).

[171] 王亚华.中国用水户协会改革:政策执行视角的审视[J].管理世界,2013(6).

[172] 王亚华.水权解释[M].上海:上海人民出版社,2005.

[173] 王亚华.中国水治道变革[M].北京:清华大学出版社,2013.

[174] 王亚华.中国灌溉管理面临的困境及出路[J].绿叶,2009(12).

[175] 王雷,赵秀生,何建坤.农民用水户协会的实践及问题分析[J].农业技术经济,2005(1).

[176] 王磊.农业节水的世界经验[J].农经,2011(2).

[177] 王小军.美国水权制度研究[M].北京:中国社会科学出版社,2011.

[178] 王晓娟.浅议灌溉管理制度改革[J].水利经济,2005(3).

[179] 王修贵,张乾元,段永红.节水型社会建设的理论分析[J].中国水利,2005(13).

[180] 王德福.国家与基层组织关系视角的乡村水利治理[J].重庆社会科学,2012(7).

[181] 王德福,陈锋.论乡村治理中的资源耗散结构[J].江汉论坛,2015(4).

[182] 王海娟.大水利瓦解的原因研究——以湖北荆门沙洋地区为例[D].武汉:华中科技大学,2010.

[183] 王腊春.中国水问题[M].南京:东南大学出版社,2007.

[184] 王诗宗.治理理论及其中国适用性[M].杭州:浙江大学出版社,2009.

[185] 王娟丽,马永喜.台湾农田水利管理模式及机制[J].中国水利,2012(15).

[186] 王学渊.基于前沿面理论的农业水资源生产配置效率研究[D].杭州:浙江大学,2008.

[187] 汪恕诚.建设节水型社会工作要点[J].中国水利,2003(11).

[188] 汪恕诚.水权和水市场——谈实现水资源优化配置的经济手段[J].中国水利,2000(11).

[189] 汪恕诚.资源水利:人与自然和谐相处[M].北京:中国水利水电出版社,2003.

[190] 汪恕诚.资源水利的理论内涵和实践基础[J].中国水利,2000(5).

[191] 汪志农,雷雁斌,周安良.灌区管理体制改革与监测评价[M].郑州:黄河水利出版社,2006.

[192] 魏炳才.我国水利工程供水价格政策和改革思路[J].中国水利,2001(1).

[193] 武力.1949—2006年城乡关系演变的历史分析[J].中国经济史研究,2007(1).

[194] 许东屹.我国农民用水户协会发展与实践研究[J].中国农村水利水电,2007(8).

[195] 薛莉,武华光,胡继连.农用水集体供应机制中"公地悲剧"问题分析[J].山东社会科学,2004(9).

[196] 徐湘林.公共政策研究基本问题与方法探讨[J].新视野,2003(6).

[197] 徐苏明.农田水利工程性质及其管理模式研究[J].中国农业信息,2014(11).

[198] 徐小青,郭建军.中国农村公共服务改革与发展[M].北京:人民出版社,2008.

[199] 杨震林,吴毅.转型期中国农村公共品供给体制创新[J].中州学刊,2004(1).

[200] 郁建兴.治理与国家建构的张力[J].马克思主义与现实,2008(1).

[201] 应松年,薛刚凌.行政组织法研究[M].北京:法律出版社,2002.

[202] 尹云松,糜仲春.农业供水改革的基本思路[J].水利经济,2004(1).

[203] 袁松."买水之争":农业灌区的水市场运作和水利体制改革——鄂中拾桥镇水事纠纷考察[J].甘肃行政学院学报,2010(6).

[204] 袁松,孙晋华.从水库到深井:农田灌溉水源的当代转换何以发生?
[J].周口师范学院学报,2007(4).

[205] 袁松,邢成举.为什么当前"小农水"建设的投入是低效的? ——以
鄂中拾桥镇为例[J].中共南京市委党校学报,2010(3).

[206] 赵珊.农业水利基础设施运行机制研究[D].南京:南京农业大
学,2008.

[207] 赵翠萍.参与式灌溉管理的国际经验与借鉴[J].世界农业,2012
(2).

[208] 赵世瑜.分水之争:公共资源与乡土社会的权力和象征——以明清
山西汾水流域的若干案例为中心[J].中国社会科学,2005(2).

[209] 张陆彪,刘静,胡定寰.农民用水户协会的绩效与问题分析[J].农
业经济问题,2003(2).

[210] 张兵,王翌秋.农民用水者参与灌区用水管理与节水灌溉研究——
对江苏省皂河灌区自主管理灌排区模式运行的实证分析[J].农业
经济问题,2004(3).

[211] 张庆华,李雪梅,李鹏,等.灌区用水者协会的水权探讨[J].中国农
村水利水电,2007(6).

[212] 张庆忠.马克思主义的合作制理论与中国农业合作制的实践[J].
中国农村经济,1991(10).

[213] 张伟天.合理利用农业水资源新思路[J].学术交流,2004(9).

[214] 张仁田,童利忠.水权、水权分配与水权交易体制的初步研究[J].
水利发展研究,2002(5).

[215] 张小军.复合产权:一个实质论和资本体系的视角——山西介休洪
山泉的历史水权个案研究[J].社会学研究,2007(4).

[216] 张克中.公共治理之道:埃莉诺·奥斯特罗姆理论述评[J].政治学
研究,2009(6).

[217] 张新光.论中国乡镇改革25年[J].中国行政管理,2005(10).

[218] 张新光.论马克思小农经济理论的现实意义[J].现代经济探讨,

2008(3).

[219] 张俊峰.水利社会的类型:明清以来洪洞水利与乡村社会变迁 [M].北京:北京大学出版社,2012.

[220] 张红宇.城乡居民收入差距的平抑机制:工业化中期阶段的经济增 长和政府行为选择[J].管理世界,2004(4).

[221] 张令梅.管道灌溉管网工程优化规划模型研究[D].南京:河海大 学,2005.

[222] 张路雄.耕者有其田——中国耕地制度的现实与逻辑[M].北京: 中国政法大学出版社,2012.

[223] 张晓山.关于走中国特色农业现代化道路的几点思考[J].经济纵 横,2008(1).

[224] 周晓平,刘秀红.我国农田水利工程性质和管理模式探讨[J].人民 黄河,2007(3).

[225] 周晓花,程瓦.国外农业节水政策综述[J].水利发展研究,2002 (7).

[226] 志村博康.现代农田水利与水资源[M].刘福林,译.沈阳:辽宁人 民出版社,1990.

[227] 钟玉秀.国外用水户参与灌溉管理的经验和启示[J].水利发展研 究,2002(5).

[228] 朱一中,夏军.论水权的性质及构成[J].地理科学进展,2006(1).

后　记

　　本书付梓之际，回想自己这一路走过来，每当遇到困难，总有一些帮助自己的人；每次遭遇挫折，都能受到许多鼓励，感恩我的生命中遇到的这些人，感谢他们为我提供的无私帮助。

　　我首先要感谢的是我的导师裴丽萍教授。感谢裴老师能够接纳我这个资质一般的学生，并在 4 年的博士学业阶段以最负责任的态度培养我、教育我。与裴老师的交流，不仅让我收获了学业上的指导，还收获了很多关心和温暖。而本书更是饱含着裴老师的心血，在整个过程中，从选题到写作，再到修改，每个环节裴老师都进行了严格的把关，对本书涉及的每个问题，不论大小，裴老师都进行了最为悉心的指导。可以说，没有裴老师的严格要求与悉心指导，这本书是不可能完成的。在本书写作的过程中，裴老师也将她严谨治学的态度传递给了我，我希望日后自己也能真正具备她那样的治学品格。

　　我要特别感谢华中科技大学中国乡村治理研究中心的贺雪峰教授。非常有幸能够在研究生期间结识贺老师并加入了他组织的研究生读书会，读书会为我开启了一个新世界的大门，我也自此明确了走学术研究道路的发展规划，此后我在贺老师带领的华中村治研究的团队中经历了"两经一专"的培养与训练，所以贺老师是我学术研究道路的引路人，是我学术与人生道路上的导师。贺老师对民族、国家深刻的责任感，对学术研究的极端热忱，真正"以人为本"的教育理念，让我感动又佩服。在我的求学过程中，虽然在体制身份上并非贺老师的学生，却受到了贺老师无私的指导和无限的鼓励。贺老师是那种因为学生的一个优点而可以忽略其全部缺点的人，当然，学生身上存在的对自身发展不利的特征他也会不吝指出。总而言之，与贺老师交往中收获的道理是获益终身的，贺老师是我为人为学上的一个标杆。

本书的顺利完成还需要特别感谢西南政法大学的罗兴佐教授。罗老师是目前国内水利相关方面研究的权威，非常有幸本书的写作能够获得罗老师的指点，他为论文的写作提供了大量建设性的意见。罗老师是一位特别宽厚温和的老师，与罗老师的交流不仅让我收获了满满的知识，还收获了暖心的鼓励。

我要感谢我所在的华中村治研究这个学术团队，这是一个以实现中国社会科学主体性为远大目标的学术团队，它是一个学术共同体、理想共同体和情感共同体。硕士和博士期间正好是通过"两经一专"的训练来打基础的阶段，这个打基础的过程还是在团队"比、学、赶、帮"的传统中展开的，方法明确，外加团队成员的助力，即使对于基础薄弱的我来说，等到博士毕业之时也能够感受到这份基础训练的分量。感谢团队中的贺雪峰老师、罗兴佐老师和王习明老师，他们教会我们的不仅仅是学术研究的技能，更是从事学术研究的关怀与责任。感谢团队中的师兄、师姐、师弟、师妹，许多师兄、师姐给我提供过读书、调研以及写作方面的指导，许多师弟、师妹不仅将他们的新鲜思考与我分享，还为我提供帮助，总之每一次的集体调研都是美好的回忆。在我们这个大团队中，我要特别感谢我们2009级研究生读书会这个小团体，他们是夏柱智、孙新华、陈靖、曾凡木、谭林丽、刘升、石顺林、焦长权、冯小、曾红萍、徐嘉鸿、王丽惠、谢小芹和陈义媛，虽然现在大家在不同的地方求学、工作，但他们一直都给予我大量的关心、鼓励和帮助。本书的调研是在夏柱智的直接帮助下展开的，他帮我联系到了一些调研点、调研单位和调研人员，没有他的这份帮助，本书的写作就失去了基础性的经验和材料。在本书写作的过程中，我还与夏柱智、孙新华、谭林丽进行过若干次讨论，他们都为我提供了大量有益的建议。另外，特别感谢桂华师兄为本书作序。

感谢华南理工大学公共管理学院以邬智书记、吴克昌院长为代表的学院领导为我创造了良好的工作环境，感谢我的博士后合作导师王郅强教授对我给予的支持和帮助，感谢土地资源管理系主任朱一中教授对我的帮助，感谢学院的诸位同事提供的各种帮助。

我还要特别感谢沙洋县水务局的吴奎主任和罗之俊主任，正是在他们的引荐下，我在沙洋县的调研才得以顺利展开，他们还给我提供了大量的相关资料。感谢所有接受访谈的水利系统的工作人员和村民，他们的讲述是触发我思考的源泉。

感谢华中科技大学出版社。

最后我要感谢我的家人。感谢父母对我人生道路选择的支持。一直以来，我的先生林辉煌都对我开展的研究工作给予肯定，提供帮助，在生活上他给予我最大程度的关爱，我真的是很幸运，感恩有这样的家庭，感恩有这样的家人。希望自己能再接再厉，创作出更好、更优秀的学术作品。

吴秋菊

2017 年 3 月 1 日